云南
大麦栽培技术

王志龙 于亚雄 ◎ 主编

中国农业出版社
北 京

图书在版编目（CIP）数据

云南大麦栽培技术 / 王志龙，于亚雄主编. —北京：中国农业出版社，2022.9

ISBN 978-7-109-30067-5

Ⅰ.①云… Ⅱ.①王… ②于… Ⅲ.①大麦—栽培技术—云南 Ⅳ.①S512.3

中国版本图书馆 CIP 数据核字（2022）第 176563 号

中国农业出版社出版

地址：北京市朝阳区麦子店街 18 号楼

邮编：100125

责任编辑：王秀田

版式设计：杜 然　　责任校对：吴丽婷

印刷：北京中兴印刷有限公司

版次：2022 年 9 月第 1 版

印次：2022 年 9 月北京第 1 次印刷

发行：新华书店北京发行所

开本：700mm×1000mm　1/16

印张：11　　插页：4

字数：190 千字

定价：78.00 元

主　编　王志龙　于亚雄

编　者（以姓氏笔画为序）

于亚雄　王志龙　王志伟　乔祥梅　刘　帆

刘猛道　李国强　李晓荣　杨金华　余丽华

张中平　和立宣　宗兴梅　赵加涛　唐永生

董秀霞　蒋彦华　程　耿　程加省　管俊娇

前言

大麦在云南全年种植面积约380万亩*，既是优质饲料和啤酒工业的原料，又是营养丰富且有保健价值的粮食作物，具有十分重要的地位。为贯彻近年来国家供给侧结构性改革“绿色、优质、专用、高产、高效”发展理念，从保障粮食安全、提高农产品质量、促进农业增效和农民增收、满足市场消费需求、助力精准脱贫攻坚、服务乡村振兴等角度出发，云南省农业科学院粮食作物研究所麦类遗传育种与应用创新团队联合云南省大麦育种与推广单位申请了一些麦类重大专项，对云南大麦育种与栽培技术进行了相关研究，登记了一批大麦品种、制定了相关配套栽培技术、取得了一系列的成果。同时，因为云南日益增长的大麦种植面积和产业需求，急需一部针对本省大麦栽培生产的专业书来指导云南的大麦生产，特编著此书，以期为广大农业科技人员和农户提供参考。

第一章介绍国内外大麦近年来的种植面积和产量、用途和标准等情况。

第二章全面概括云南环境特征和生态条件特点、云南大麦种植模式栽培制度等、云南主要自然灾害及防控技术和措施、云南发展大麦的优势及限制云南大麦发展的主要问题等。

第三章分别介绍了云南大麦各主产区的生态环境和生产概况、栽培制度、品种的更换与演变、生产水平、主要用途和栽培技术等内容。这些内容均由各地州农业研究所从事大麦育种和推广的专业研究人员编写，具有适用性和实用性。其中第一节保山大麦栽培技术由保山市农业科学研究所刘猛道和赵加涛编写；第二节大理大麦栽培技术由大理州农业科学推广研究院李国强和刘帆编写；第三节楚雄大麦栽培技术由楚雄州农业科学院张中平和李晓荣编写；第四

---

* 亩为非法定计量单位，1亩=1/15公顷。

节昆明大麦栽培技术由云南省农业科学院粮食作物研究所于亚雄和王志龙编写；第五节曲靖大麦栽培技术由曲靖市农业科学院唐永生和蒋彦华编写；第六节丽江大麦栽培技术由丽江市农业科学研究所和立宣和宗兴梅编写；第七节迪庆青稞栽培技术由迪庆州农业科学研究院余丽华和董秀霞编写。

第四章介绍了云南大麦主要病害、虫害和草害的为害症状、传播途径、发病条件，并针对性地提出防控措施。

第五章介绍了云南省各单位总结凝练出来的大麦栽培技术标准、大麦生产指导意见或相关品种配套的栽培技术等。

第六章介绍了云南省部分大麦主栽品种的特征特性和栽培技术要点，这些品种都是经省级品种鉴定或国家非主要农作物登记的品种，可供各单位或农户根据品种特性和适宜区域选择合适的品种因地制宜推广和应用。

同时，本书最后附了大麦部分主要病虫草害的照片，方便农户识别。展示了8个新品种在部分地区的高产示范推广照片。

由于编者水平有限，书中不当之处，恳请各位专家学者和读者批评指正。

编　者

2022年2月15日

目　录

第一章　国内外大麦概况

大麦（*Hordeum vulgare* L.）是禾本科、大麦属一年生草本植物，是皮大麦和裸大麦的总称，其播种面积和总产量都居禾谷类作物第四位，具有抗寒、抗旱、耐盐碱、耐贫瘠和适应性广等特性，它既是优质的全价饲料和啤酒工业的主要原料，也是营养丰富全面且有保健价值的粮食作物。

第一节　世界大麦概况

大麦在全球150多个国家和地区均有栽培，每年播种面积约7.4亿亩，总产量约1.5亿吨，仅次于玉米、小麦、水稻而居禾谷类第四位。根据美国农业部数据显示：2015—2018年大麦产量持续降低，由2015年的14 945.7万吨降低至2018年的13 958.9万吨，降低了7.07%，2019年又大幅增长至15 679.9万吨，较2018年增长了12.33%（图1-1）。主产国家（地区）依次为欧盟、俄罗斯、乌克兰、加拿大、澳大利亚。

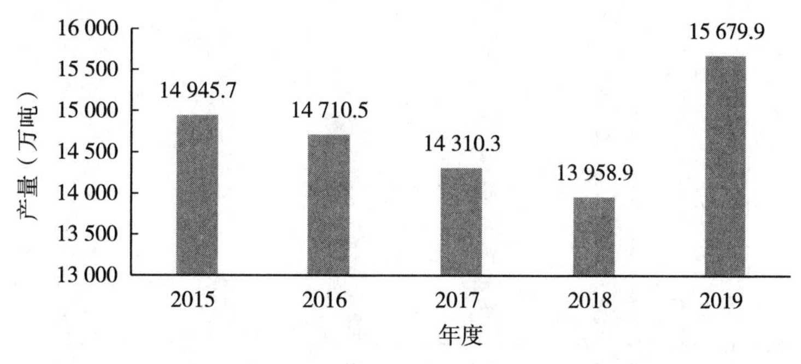

图1-1　2015—2019年全球大麦总产量

随着高产品种的选育和推广应用，以及种植措施的改进，全球大麦单产得到了很大提高，1961 年全球单产仅为 113 千克/亩，2010 年单产为 173 千克/亩，2019 年提高到 260 千克/亩。目前世界上单产较高的国家主要集中在欧盟一些国家，其中德国、法国和英国的产量都已经达到 400 千克/亩左右的水平，加拿大、美国和中国处于中等水平，大约为 200～270 千克/亩，而澳大利亚、印度和土耳其等国单产低于世界平均水平。

目前全球大麦主要用作饲料、酿造啤酒和食用，其中 70%用作饲料，其次用于制麦芽或其他工业用料，约占 16%，仅 14%食用。

第二节　中国大麦生产概况

一、中国大麦种植和产量现状

大麦是中国原产作物之一，有 5 000 多年的栽培历史。据中国酿酒工业协会啤酒原料专业委员会秘书长白普一报道，2010 年我国大麦总面积为 1 797 万亩，其中云南 357 万亩（其中青稞约 20 万亩），西藏 340 万亩（其中青稞 170 万亩），江苏 190 万亩，湖北 180 万亩，安徽 150 万亩，甘肃 140 万亩，四川 130 万亩（其中 80 万亩青稞），青海 95 万亩（其中 90 万亩青稞），内蒙古 90 万亩。由此可见，云南大麦种植面积约占全国大麦面积的 20%，居全国各省（市、区）之首，已成为中国最大的大麦生产基地。

中国大麦单产从 1961 年的 70 千克/亩提高到 2009 年的 216 千克/亩。自 2015 年以来，中国大麦单产一直维持在 250 千克/亩左右，2019 年单产为 243.85 千克/亩（图 1－2）。

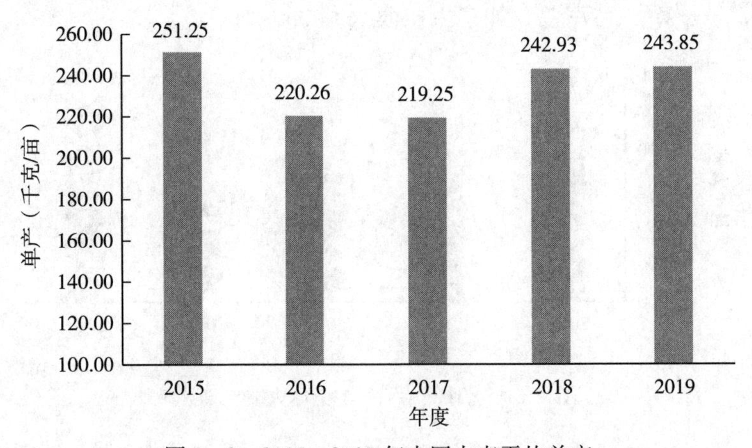

图 1－2　2015—2019 年中国大麦平均单产

二、中国大麦进出口

据中国农业农村部国际司数据显示，大麦已成为中国除大豆、高粱外，进口总量排在第三位的作物。中国是全球第一大大麦进口国，大麦进口量远超其他国家，中国进口大麦主要用于啤酒酿造以及饲料使用。

据海关总署数据统计，2014 年以来我国大麦年进口量均保持在 500 万吨以上，2015 年中国大麦进口数量高达 1 073 万吨，2018 年为 682 万吨，2019 年为 593 万吨，进口金额为 16.9 亿美元（图 1－3）。每年约 70％进口大麦来自澳大利亚，销售额达 12 亿澳元。但从 2021 年 5 月起，我国商务部对澳大利亚进口大麦征收反倾销税和反补贴税后，主要进口国变为加拿大和法国，分别占进口量的 50％和 30％左右。

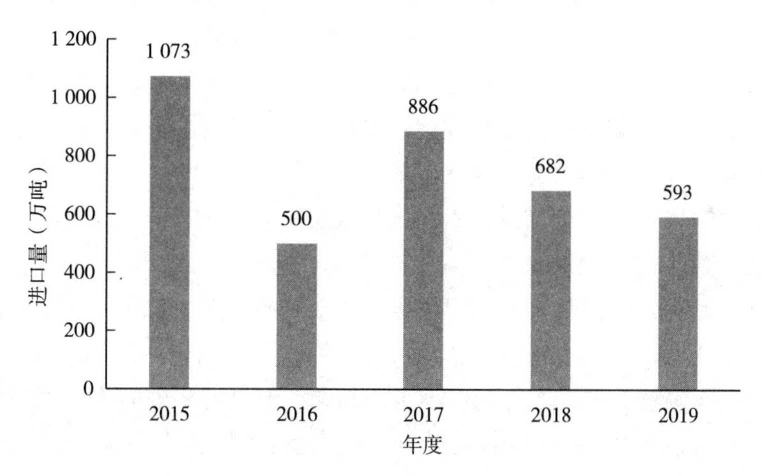

图 1－3 2015—2019 年中国大麦进口量

三、中国大麦主要用途

据统计，在中国大麦主要有三大类用途，其中饲料占 70％，啤酒工业用 20％，食用占 7％左右，约 3％用于其他用途。针对不同用途的大麦的品质要求各不相同，优质啤酒大麦要求适中的蛋白质含量，而优质饲料大麦则要求高的蛋白质含量。大麦在生长、发育，产量和品质的形成过程中，会受到自身遗传因素和外部环境的影响，有研究报道，生态环境和栽培管理对大麦蛋白质含量的影响是遗传控制的 4.5～5 倍，就蛋白质含量而言，一个优质啤酒大麦品种可以通过选择不同的生态环境或通过不同的管理措施使其生产出优质饲料大麦。

1. 用作饲料

中国大麦主要用作饲料，大麦作为人类栽培最古老的作物之一，其饲用价值早已被学者们证实，饲料中添加大麦可使肉牛胴体脂肪硬挺、品质佳，大麦也是生产高档牛肉最好的能量饲料。大麦所含热量虽比号称“饲料之王”的玉米略低，但其蛋白质含量平均为11%，玉米平均为8.7%，是玉米的1.3倍，消化率高于玉米18%，它所含的氨基酸中有18种含量高于玉米，如赖氨酸在有的品种中含量高达0.6%，是玉米的1.7倍，色氨酸含量是玉米的2.3倍，尤其是有助于畜禽生长发育的烟酸是玉米的2.1倍。粗脂肪含量约2.2%，低于玉米的3.6%。粗纤维含量裸大麦为2.0%左右，与玉米差不多；皮大麦比裸大麦高1倍多，最高达5.9%。大麦和玉米的无氮浸出物含量均在67%以上，主要成分是淀粉，其他糖约占10%，其中有一种可溶多糖β-葡聚糖，存在于胚乳细胞壁上，约占干淀粉的3.2%，是限制其在单胃动物饲料中应用的重要因素，但通过碾压、冷制粒或用水浸泡大麦粒等加工方法，以及在大麦饲料中添加β-葡聚糖酶与木聚糖酶可以解决β-葡聚糖在大麦作为饲料时的不利因素。大麦籽粒所含有的微量元素和维生素及矿物质也比玉米高，特别是有助畜禽增强免疫力的碘含量比玉米高3倍以上，所以大麦是精制优质配合饲料的主要原料，也是改进畜禽肉质不可缺少的主要饲料来源，饲料原料皮大麦标准见表1-1。此外，大麦绿色营养体还可作青饲（贮）饲料，在乳熟期至蜡熟早期收割，可有效解决冬春季青饲料不足的问题。但目前我国的大麦饲料仍主要停留在农户直接喂饲畜禽的阶段，很少开发出适合畜牧业需要的大麦配合饲料。

表1-1　饲料原料　皮大麦标准（NY/T 118—2021）

项目名称	一级	二级
千粒重（克）	≥40.0	≥30.0
粗灰分（%）	≤2.5	≤3.0
粗蛋白质（%）	≥8.0	
粗纤维（%）	≤6.0	
水分（%）	≤13.0	

注1：各项质量指标含量除水分和千粒重外，其他均以88%干物质为基础计算。

2：低于二等者为等外品。

2. 用于啤酒原料

国内大麦第二大消费是用于啤酒原料，啤酒大麦是酿造啤酒的主要原料。啤酒大麦与饲用大麦从形态上看没有太大差别，但是在籽粒的性状和内在质量上有一些特殊要求。其中最大区别是啤酒大麦蛋白质的含量不能过高，因为含量高会使籽粒溶解度降低，酿出的酒易混浊，保存期短。

公开资料显示，近20年来，我国的啤酒工业迅速发展，啤酒产量以每年6%左右的速度增长。从2003年开始，中国便取代美国成为世界第一大啤酒消费国，现在我国是世界上第一大啤酒生产和消费国，大麦麦芽作为啤酒生产的主要原料，其使用和消费也是遥遥领先其他国家和地区，啤酒大麦质量标准见表1-2。由于我国优质啤酒专用大麦品种选育研究滞后于啤酒工业的迅速发展，以及缺乏大规模化的原料生产基地及设备等因素，我国的啤酒原料主要依赖进口，其中70%的啤酒原料从澳大利亚、加拿大等国进口，啤酒大麦总进口量达到217万吨，每年要花掉四亿多美元。2019年，中国啤酒原料对外依存度仍然高达88%，且过度依赖进口的局面由来已久，不仅不利于我国大麦行业更好发展，同时对中国啤酒产业的发展造成诸多隐患。

我国啤酒行业的发展推动大麦需求增长，由于国内生产大麦价格高于进口大麦价格，且国家对于大麦产业保护度过低，进口大麦抢占了国产大麦的市场空间，我国大麦进口量保持增长态势，我国是全球第一大大麦进口国家，大麦进口量远超其他国家。

表1-2　啤酒大麦质量标准（GB/T 7416—2008）

项目		等级		
		优级	一级	二级
夹杂物（%）	≤	1.0	1.5	2.0
破损率（%）	≤	0.5	1.0	1.5
水分（%）	≤	12.0		13.0
千粒重（干基）（克）	≥	（二棱）38.0 （多棱）37.0	（二棱）35.0 （多棱）33.0	（二棱）32.0 （多棱）28.0
3天发芽率（%）	≥	95	92	85
5天发芽率（%）	≥	97	95	90
蛋白质（干基）（%）		10～12.5		9.0～13.5
饱满粒（腹茎≥2.5毫米）（%）	≥	85.0	80.0	70.0
瘦小粒（腹茎≤2.2毫米）（%）	≤	4.0	5.0	6.0

3. 用于食品加工

国内大麦第三大消费是用于食物，其中主要是利用裸大麦，又称为青稞。青稞因比一般的皮大麦具有更为突出的耐寒、耐旱、耐碱和耐瘠薄等特性，青稞早已成为最能适应青藏高原地区自然生态环境的优势作物和藏族群众赖以生存繁衍的基本口粮作物。

近年来，随着对青稞营养成分的分析鉴定和医药保健功效研究的不断深入，研究发现青稞具有籽粒品质优异，蛋白质含量适中，脂肪含量较低等特性，并含有较丰富的矿物质元素、维生素、膳食纤维以及β-葡聚糖等多种生理功效成分，特别是美国研究发现β-葡聚糖具有降血脂、降胆固醇、预防心血管疾病、提高免疫力和抗肿瘤等功能，随着全球经济发展，特别是人类生活水平的提高，人们营养与健康意识的增强，青稞正在由一个区域性口粮作物向全球性健康食源作物发展。青稞作为健康食品加工的原料越来越受到关注，至今，已有大量青稞食品种类研制成功，如青稞面、青稞营养粉、青稞饼干等固体食品，青稞β-葡聚糖胶囊等青稞保健品，青稞酒、青稞干红等酒类食品，青稞质量标准见表1-3。

表1-3 青稞质量标准（GB/T 1176—2021）

<table>
<tr><th rowspan="2">等级</th><th rowspan="2">容重（克/升）</th><th rowspan="2">不完善粒（%）</th><th colspan="2">杂质含量（%）</th><th rowspan="2">水分含量（%）</th><th rowspan="2">色泽、气味</th><th rowspan="2">皮大麦含量（%）</th></tr>
<tr><th>总量</th><th>其中：无机杂质</th></tr>
<tr><td>1</td><td>≥790</td><td rowspan="2">≤6.0</td><td rowspan="6">≤1.2</td><td rowspan="6">≤0.5</td><td rowspan="6">≤13.0</td><td rowspan="6">正常</td><td rowspan="6">≤3.0</td></tr>
<tr><td>2</td><td>≥770</td></tr>
<tr><td>3</td><td>≥750</td><td>≤8.0</td></tr>
<tr><td>4</td><td>≥730</td><td rowspan="2">≤10.0</td></tr>
<tr><td>5</td><td>≥710</td></tr>
<tr><td>等外</td><td><710</td><td>—</td></tr>
</table>

注：“—”为不做要求。

第二章　云南大麦生产情况

第一节　云南高原环境特征和生态条件特点

一、社会经济条件

云南省 2017 年人口已达 4 596.68 万，农业人口约占 63.2%左右，2019 年全省农村居民人均可支配收入达 11 902 元。2018 年粮食播种面积 6 261.9 万亩，其中水稻 1 274.3 万亩，小麦 508.8 万亩，大麦面积 380 万亩，青稞面积 20 万亩，玉米 2 677.8 万亩；粮食产量 1 860.54 万吨，其中水稻 527.70 万吨，小麦 74.28 万吨，玉米 926.00 万吨。全省有 6 000 座水库，蓄水 125.39 亿立方米，灌溉耕地 2 563.65 万亩。2019 年全省农机总量为 565 万台，机耕面积 4 171 万亩，机播面积 212 万亩，机收面积 662 万亩。全省土地面积 57 478.35 万亩，其中农用地 49 431.6 万亩，耕地面积 9 314.7 万亩，园地 2 454.75 万亩，林地 3 459.75 万亩。粮食总产 1978 年 864.05 万吨，1990 年1 061.21 万吨，2000 年 1 467.8 万吨、2010 年 1 531.00 万吨、2014 年 1 940.82 万吨、2015 年 1 969.79 万吨，此后，随着经济作物种植面积的扩大，粮食产量下降，2016 年下降至 1 815.1 万吨，2017 年上升到 1 843.4 万吨，2018 年 1 860.54 万吨，2019 年 1 870.03 万吨。

云南是全国少数民族最多的省份，除汉族外，有 51 个少数民族，占全省总人口的 1/3 左右，人口在 5 000 人以上的少数民族有彝、白、哈尼、壮、傣、苗、傈僳、回、拉祜、佤、纳西、瑶、藏、景颇、布朗、普米、怒、阿昌、基诺、德昂、蒙古、独龙、满、水、布依等 25 个，分布在全省 70%以上的地区。各民族的经济基础不一，生产发展水平以及生活和文化水平都不平衡，风俗习惯也有差异，这些都对农业生产发展具有不可忽视的作用。

综上所述，边疆、民族、山区三位一体，构成了云南社会、政治、经济发展的复杂性、分散性、多样性和不平衡性等特殊性，对种植业和整个农业生产产生了极为深刻的影响。

二、自然地理

云南地处我国西南边疆，位于北纬 21°8′32″—29°15′8″和东经 97°31′39″—106°11′47″。东西距离 864.9 千米，南北距离 990 千米，全省面积为38.3 万平方千米。境内地貌类型复杂，可分为高原盆地、山地、坝子、河谷，其中山地占总面积的 84%，高原盆地占 10%，坝子和河谷仅占 6%。全省有耕地 4 200 万亩，其中水田占 35.8%，旱地占 64.2%。全省地势由西北向东南成阶梯状倾斜。西北部梅里雪山最高峰海拔 6 740 米，南部河口县南溪河入江口仅 76.4 米，高度相差 6 663.6 米，为全国少见。由于地势地貌错综复杂，对光、温、水等气候要素起着巨大的再分配作用，深刻影响着种植业的生产条件和自然资源的分布，使种植业的环境条件十分复杂，品种资源丰富多彩，明显地表现为水平地域差异和垂直地带上的纵向差异显著，具有“立体气候”和“立体农业”的特点。

三、气候条件

北回归线横贯云南南部，云南属季风气候。在低纬度、高海拔地理条件综合影响下，云南气候的共同特点是：光照充足、四季温差小、干湿季分明、垂直变化显著。

1. 光能充足、日照时间长

全省太阳年总辐射量大部分地区为 120～140 千卡/平方厘米。全省年日照时数多数地区为 2 100～2 300 小时。大麦生育期间，天气晴朗，日照时数可达 1 600 小时。由于光能充足、光质较好，有利于作物高产。但目前光能利用率很低，据推算，大麦光能利用率仅有 0.1%～0.4%，因此开发利用潜力很大。

2. 冬无严寒、夏无酷暑

绝大多数地区年平均温度在 12～20℃之间。≥10℃的年积温大部分地区在 3 000～7 000℃之间。云南冬季不寒冷，大多数地区最冷月均温 7～10℃，绝对最低温度小于－5℃的次数极少，时间极短，大麦无越冬现象。春季气温回升快，平均月上升 3～4℃，大多数地区 3 月份气温可稳定在 10～12℃，能满足大麦生育需要，有利于培育多花多实的大穗品种。夏季基本上没有 5 天以上平均气温≥30℃的酷热，对大麦灌浆成熟无高温危害。此外，云南省气温的另一特点是年温差小而日温差大。年温差一般在10～15℃，日温差一般在12～15℃。最高可达20℃，有利于作物的干物质积累。年温差小，偏春性大麦品种一年四季均可播种均能收获。昆明已成为我国大麦夏繁基地，元谋县成为春麦区冬繁基地。

3. 干湿季分明

全省大部分地区年降水量在800～1 300毫米，一般约1 100毫米。除个别年份外，大部分地区年降水量变化不大，但降水时间分布极不均匀。一般6—10月为雨季，降水量占全年的85%以上，11月至翌年5月为旱季，降水量往往只有300毫米，且分布也不均匀，1—3月在大麦拔节、灌浆时期，降水量常常仅20～30毫米，加上风大蒸发量大，干旱严重，对大麦生产有极大影响。

4. 垂直变化显著

云南省内各地气温高低的总趋势是：南高北低、西高东低。海拔高度上升100米，气温平均递减0.6～0.7℃。但由于复杂的地形对热量的再分配作用，气温分布和升降并不严格按此规律。以≥10℃、最冷月均温、极端最低气温、多年平均值四个指标和相应的海拔高度将全省分为七个气候类型：北热带（大麦不宜种植区）、南亚热带（大麦次适宜区）、中亚热带、北亚热带、南温带、中温带、北温带（均为大麦适宜区）。各类型间没有截然界线，往往相互交错逐步过渡。气温分布的复杂性，不仅在于全省范围内的多种气候带，甚至在一个县、乡或镇，随着海拔高度的变化，也存在几个气候带，有“一山分四季，十里不同天”的独特气候现象。

总的说来，云南大麦生育期间，所处的气候条件可以归纳为①光照充足；②出苗至分蘖期气温接近最适温度，有利于分蘖早生快发；③拔节至孕穗期，气温略低于适温，有利于延长幼穗分化时间，增加粒数；④抽穗至灌浆期间，无干热风、无高温逼熟，昼夜温差大，有利于干物质积累增加粒重。充分利用这些光热条件，云南大麦生产发展有着广阔前景。但也存在着影响大麦的气候灾害，首先是冬春干旱，各地（州、市）每年都有春旱发生。较严重的春旱平均每5年发生1次。其发生原因是旱季雨少，春温上升快、风大，蒸发量大。近年来干旱日益突出，发生频率增加，已对旱地大麦生产构成严重威胁。其次是霜冻和倒春寒。霜冻一般发生在11月至翌年2月，倒春寒主要是3—4月份出现的低温。严重的霜冻和倒春寒大约5～6年出现1次，对滇中、滇东北部地区大麦影响很大；另外，由于气候温和，有利于病虫害的发生，锈病、白粉病、条纹病、网斑病、蚜虫都常有发生。

第二节　云南大麦种植模式

一、云南种植制度

云南全省有耕地 4 200 万亩，人均约 1.05 亩。其中水田占 35.8%，旱地占 64.2%。耕地在山区多，坝区少。坝区耕地约 1 395 万亩，占全省耕地的 33%，山区耕地 2 700 万亩，其中半山区约占 21.4%，一般山区约占 53.6%，高寒山区约占 25%。坝区和半山区耕地分布相对集中，有效灌溉面积约 48%，复种指数约 150%，为云南省主要粮食产区，产量占全省总产的 60.8%；一般山区耕地分布比较分散，旱地、坡地、轮歇地多，中低产面积大，有效灌溉面积约 20%，复种指数约 147%，产量占全省的 30%左右。全省大多数地区一年两熟，大春作物以水稻、玉米、烤烟及薯类为主，小春作物有大麦、小麦、蚕豆、油菜、豌豆、绿肥等。高寒山区多为一年一熟旱地或轮歇地，有效灌溉面积约 7.7%，复种指数仅 109%。

二、云南大麦种植模式

由于云南自然条件具有多层次立体特点，除南部低纬度、低海拔夏季炎热的少数地区不适宜大麦种植外，全省绝大部分地区一年四季均适宜大麦生长。云南省是一个多山的省份，由于地形、地势复杂，海拔高差大，立体气候明显，具有“十里不同天”的特点，形成了云南省大麦生产的主要特点：一是由于气候温和，多数地区冬无严寒，昼夜温差大，日照充足，有利于大麦个体生长发育，宜培养出多花、多实、粒大、粒重的大穗，易获高产；二是由于云南省冬温春暖，病虫害发生也频繁；三是大麦生长发育正处于冬春旱季，降水稀少，空气及土壤都较干旱，易受冬春干旱的影响。

由于生产条件不同，云南大麦从耕作方式上明显分为田大麦和地大麦两大类型。同时，根据不同的播种时间，又可分为冬大麦、早秋大麦、春青稞和夏大麦。

1. 田大麦

田大麦是指稻—麦两熟地区的稻后麦，是云南大麦的主要类型。一般 10 月下旬至 11 月上旬播种，次年 4—5 月收获。因具有灌溉条件、受干旱影响小，因此产量较高且稳定，平均单产 300～400 千克/亩，高产区在

500 千克/亩以上，最高单产可达 750 千克/亩以上，多数应用春性品种。

2. 地大麦

地大麦是指玉米、烤烟等旱地作物收获后种植的大麦。近几年随着种植结构的调整大麦主要种植区域已由 10 年前肥水条件较好的坝区向土壤贫瘠、水资源紧缺的山区、半山区转移。旱地多为丘陵地，红壤较多，酸性大，土质疏松，瘠薄，保水性差，无灌溉条件。大麦必须在雨季结束前抢墒播种，才能出苗，并且要求前期生长较缓慢，拔节相对较晚，以避过 1—2 月低温霜冻危害。一般 10 月中旬播种，次年 4—5 月收获，多应用耐旱、耐瘠、耐寒、分蘖力强的弱春性或半冬性品种。由于缺水灌溉，受冬春干旱影响较大，产量的高低很大程度上取决于其生长期间自然降水的多少，因而产量较低且不稳定，一般单产仅有 150 千克/亩左右。

3. 早秋大麦

早秋大麦是利用云南晚秋初冬气温平稳特点的一种大麦类型，前作多为提早收获的薯类或休闲地，一般海拔 1 900 米左右的地区宜 7 月下旬至 8 月初播种，次年 1 月收获。与正季地麦（年前 9 月下旬至 10 月初播种，次年 4 月收获）相比，早秋大麦的优点是利用了云南晚秋尚好的光热条件，又避开了 2—4 月的严重干旱与高温时期。栽种管理较好的秋大麦（旱地大麦）单产可在 200 千克/亩，其中高产田可以达到 500 千克/亩以上，因而全省近年来一直保持种植 50 万亩左右。早秋大麦是云南省大麦条锈病传播的重要桥梁之一，因而必须选用强春性抗锈品种。

4. 春青稞

云南春青稞主要分布于云南省海拔 2 800 米以上的迪庆等高寒坝区。一般于 3 月中下旬播种，8—9 月收获，主要种植品种有长黑青稞、短白青稞、黄青稞等本地品种。迪庆州高寒坝区由于缺乏灌溉条件，春青稞全生育期的水分供应主要依赖于自然降水，而 3—6 月经常遇到“三年两头旱”，这时正值青稞的播种至拔节期，为提高冬雪雨水利用率，提高土壤的吸水保墒能力，必须整地两次，第一次在冬前将秋耕晒垡的土地用人工敲垡一次，有条件的可用拖拉机旋耕耙碎土垡最为理想。第二次在春耕播种前施底肥时，翻犁一次，用人工敲碎较大的土垡进行一次精细整地，为播种创造良好的土壤条件。

5. 夏大麦

夏大麦分布于海拔 1 900 米左右的地区，利用这些地区夏季气温不高的特点，在正季大麦或小麦收获之后，增种一季夏播大麦。于5月下旬至6月上中旬播种，9月下旬收获。产量较低，生产上很少采用，现多为育种单位为增加研究世代采用，同时也成为冬春属性、抗病性鉴定（白粉病、叶锈病、赤霉病）以及加速良种繁殖的有效途径之一。云南省现已建成藏区青稞育种加代南繁（元谋）基地和寻甸国家育种夏繁基地等平台，供各育种单位进行麦类育种加代等相关研究。

第三节　云南主要自然灾害及防控

一、主要自然灾害

云南省经纬度跨度大，生态多样性且条件复杂，大麦隐性灾害较多，包括季节性干旱、低温冷害、烂场雨，以及病虫草害、药害等。从生产实践和历史经验来看，对云南大麦生产影响较大的自然灾害主要是季节性干旱、低温冷害（倒春寒）。

1. 季节性干旱

季节性干旱指在农作物生长关键性时期发生较长时间的干旱，特别是在2010年云南省旱情达到百年一遇，小春受灾面积达到85%，绝收面积40%。云南大麦（青稞）年种植面积常年稳定在380万亩左右，首先，地麦在整个生育期中，人工无法灌溉，自然降水是大麦生长所需水分的唯一来源。然而云南在整个冬春季节，降水少且分布不均；其次，旱地麦除了缺水外，土壤瘠薄，蓄水纳墒差也是影响大麦生长的一大难题。

2. 低温冷害（倒春寒）

冷害是指0℃以上的低温对作物产生的危害。对于大麦在不同发育阶段、遭受不同程度的低温冷害，学界都有较多且深入的研究。研究表明，大麦在苗期的抗冻能力较强，而拔节之后，尤其是雌雄蕊分化时期的抗冻能力最差，称为大麦的低温敏感期。倒春寒是指云南春季2—4月已明显回暖时出现的强冷空气过程，以持续低温为主要特征，是云南主要的灾害性天气之一，严重影响云南农业生产，造成重大的经济损失。云南大麦在抽穗扬花期时常遭遇的倒春寒，对大麦花器官发育和授粉结实影响巨大。一旦气温低于10℃，花丝生长细弱，不能正常开花授粉，若降至1～3℃时，花药受害，结实将受显著影响。云南是倒春寒的多发区，1980—2011年期间云南共出现15次以低温阴雨为主的强倒春寒天气，且出现的时间多为3月份。

二、控制灾害的技术途径

1. 旱害控制技术

（1）抗旱品种培育与应用。选育和推广抗（耐）旱品种，是控制大麦旱害的重要途径之一。从已有的育种和研究工作来看，不同生态区域都先后选育了一些耐旱性较好的品种，如V43、S500、云大麦2号、云大麦10号、保大麦8号、保大麦14号、凤大麦7号和凤0339等，这些品种具有抗性强、品质优、高产稳产等优点，种植面积相对较大。

（2）合理耕作提高抗旱能力。改变传统耕作方式，合理耕作，是提高抗旱能力的有效途径之一。在前作收获后，及时抢耕、深耕松土，使土壤泡松，多接纳雨水，减少蒸发和流失，播种前精细整地，使土垡细碎，耕层松软，播种后用粗肥或其他覆盖物覆盖，减少土壤水分蒸发，保墒蓄水，确保全苗、齐苗和壮苗。施足基肥，增施种肥，保证苗壮、苗足。

2. 倒春寒综合防控建议

在云南，由于各地大麦生育期差异较大，因霜冻或低温造成严重减产的地区和年份常有，因此，根据云南大麦具体布局，总结以下几点建议，以便减少因冻害而造成的损失。

（1）品种培育。选择春性偏强的品种，并在全省各大麦产区穿梭试验，以便选择出抗（耐）冻品种，做到品种合理布局。

（2）加强田间管理。

①适期播种。不同类型地区大麦适播期差别较大，只有做到适期播种，才能争取冬前形成壮苗，增强抗寒能力。

②加强中耕，增温保墒。寒流过后，要进行中耕，松土保墒，破除板结，提高地温，促进根系生长，增加有效分蘖。

③搞好叶面喷肥。如大麦发生晚霜冻害后，立即追肥、浇水、喷洒植物生物调节剂和磷酸二氢钾，可使大麦直接吸收利用，增强叶面活性，延长功能期，增加光合作用，缓解冻害程度。

第四节　云南大麦生产概况

一、云南发展大麦的优势

云南省具有发展优质大麦得天独厚的自然条件和生态条件。云南光照充足，出苗至分蘖期气温接近最适温度，有利于分蘖早生快发；拔节至孕穗期，气温略低于适温，有利于延长幼穗分化时间，增加粒数；抽穗至灌浆期间，无干热风、无高温逼熟，昼夜温差大，有利于干物质积累增加粒重，为大麦的生长发育创造了良好的生态环境。特别是在大麦籽粒形成和收获期晴朗少雨（降水量为10～20毫米）；不仅有利于光合产物的合成、运转、积累和形成高额的经济产量，而且对形成饱满的籽粒、较高的千粒重，鲜亮的色泽、较高的发芽势和发芽率极为有利。

云南属西南高原冬大麦和青藏高原裸大麦区，根据生态环境等综合因素可进一步划分为滇西北高原春播裸大麦区，滇西北和滇西冬播中、晚区，滇中和滇东冬播中熟区，滇南、滇西南低热冬播早熟区。云南省有低纬气候、高原气候、季风气候和山地气候，地理生态和季节生态存在很大差异，“一山分四季、十里不同天”的立体气候形成的立体农业，为云南种植冬播正季大麦、春播大麦、夏播大麦、秋播大麦、旱地大麦提供了得天独厚的优质大麦生产自然资源。同时云南省长期形成的田麦、地麦种植管理方式，也为发展优质啤酒和优质饲料大麦提供了选择条件，即田上的大麦已可通过品种选择、播期调整、肥水调控运筹、收获期调整等栽培管理措施来有目的地发展优质啤酒大麦或优质饲料大麦；旱地上则可以用来发展优质饲料大麦。

二、云南大麦生产进展

据统计，20世纪30年代云南大麦播种面积达到200万亩，20世纪40年代至60年代在120万亩左右。20世纪70年代末在以粮为纲思想下，云南大麦面积仅有50万亩。自2000年开始云南大麦重新得到发展突破200万亩，2015年350万亩，2019年达到382.5万亩，总产量98.7万吨，总产值19.7亿元，占全国播种面积的26.3%，居全国大麦生产之首。

云南大麦生产的发展，主要得益于大麦的特性：①大麦单产较高，相同条件下大麦平均产量比小麦高50千克左右；②大麦生育期短，平均比小麦早熟10～15天，能有效地解决云南省滇中、滇西、滇北等地区大春（水稻、玉米、烟草）与小春间的节令矛盾，同时在产业结构调整中变两熟为三熟如烟（稻）—菜—大麦等模式和间套轮作如大麦—蚕豆，增产增效显著；③大麦抗旱耐寒性较强，能有效地解决云南省冬春干旱及高海拔地区霜冻问题；④大麦抗病性较强，且与小麦条锈病（云南省小麦生产中的第一大病害）是不同的专化型，小麦条锈病病原菌不会感染大麦，对抑制云南省小麦条锈病的流行能起到很好的作用，从而减少农民防治小麦条锈病的生产成本；⑤大麦不是斑潜蝇的宿主植物，对控制云南省小春另一大作物蚕豆豌豆的斑潜蝇危害起到很好的作用。云南大麦生产的迅速发展还得益于云南省烟草业的大力发展，大麦是烟草最好的轮作植物，大麦不仅能满足云南烤烟越来越早的种植要求（大部分烟区要求5月初完成烟苗的移栽，大麦的早熟性能很好地解决此问题），大麦可以充分利用烟后土壤肥力提高烤烟质量，减少肥料投入节约成本，大麦还可以有效地控制烟草的病害。同时云南省啤酒工业的发展（云南省有5家麦芽厂，生产能力达12.5万吨）和畜牧业的发展（据云南省统计局数据，2020年全省生猪出栏3 453.23万头，牛出栏335.9万头，羊出栏1 177.48万只，家禽出栏34 226.76万只，奶牛存栏17.6万头）对大麦的迅速发展也起到了积极的促进作用，农民在有麦芽厂来收购时将大麦作为啤酒大麦卖给麦芽厂，没有麦芽厂收购时将大麦自行转化为饲料。

三、云南大麦育种进展

云南生态条件的多样性创造了大麦地方品种类型及遗传性状的多样性，是中国大麦种质资源最大的遗传和生态多样性中心。在中华人民共和国成立初期，因省内研究力量较单薄等原因，一直没有自育品种用于生产，各地无论是用于提高复种增加产量，或是用于饲料粮食生产等各方面，仍主要依靠和种植地方品种，如象图大麦、纽丝大麦、乌大麦、短芒大麦、红芒大麦等，这些品种秆高、分蘖力弱、产量低。自“七五”开始云南省农业科学院等研究院所开始引入外地品种，如开展引种示范推广苏啤1号、品八、莫特44、盐辐矮早三、科利培、特昆纳和西昌大麦等。1986年云南省农业厅墨西哥考察组从墨西哥国际玉米小麦改良中心（CIMMYT）引入云南省217份大麦高代材料，各单位逐步开始对引进的高代材料进行系统选育鉴定，其中筛选鉴定出的S 500和V43等品种开始在全省大面积推广，至今这两个品种在云南省仍占据重要地位。进入“十五”以来，云南省农业科学院及保山、大理等州（市）农科所，在继续开展大麦引种鉴定选育的基础上，开展大麦杂交育种工作，逐步选育了少量品种。自“十一五”开始，云南省科技厅将“啤饲大麦新品种的选育与优质高产栽培技术研究”列为云南省重点攻关项目“优质专用高产多抗麦类新品种选育及配套技术研究示范”的一个子课题，自此云南大麦育种工作进入了一个新时期。至今，省内自育的品种如凤大麦6号、凤大麦7号、保大麦8号、保大麦13号、云大麦1号、云大麦2号、云大麦10号、云啤2号和云啤18等逐步成为云南省内主推品种。随着国家大麦（青稞）产业技术体系、云南省麦类遗传育种创新团队、云南省麦类产业技术体系等平台的成立，以云南省农业科学院粮食作物研究所麦类课题组为牵头单位，联合全省大麦育种和推广单位申报了一系列的云南省重大专项和育种攻关项目，使云南省的大麦育种和推广等相关研究进入了快速发展时期，选育了一批高产优质多抗的大麦（青稞）新品种，创造了一系列大麦高产纪录，取得了一系列令人瞩目的科技成果（表2-1、表2-2）。

表2-1 云南省部分涉及大麦的科技项目

主管单位	项目类别	项目名称	大麦研究内容	主持单位	经费（万元）	起止年限
云南省科学技术厅	科技攻关及高新技术发展计划（2006NG10）	优质专用高产多抗麦类新品种选育及配套技术研究示范	优质啤酒大麦、饲料大麦和青稞新品种筛选及配套技术研究示范	云南省农业科学院粮食作物研究所	70	2006.10—2009.12
云南省科学技术厅	重点新产品开发计划（2010BB005）	优质高产多抗麦类新品种选育	优质啤酒大麦、饲料大麦、青稞新品种筛选与新品种示范	云南省农业科学院粮食作物研究所	243	2009.08—2012.07
云南省科学技术厅	重点新产品开发计划（2012BB015）	优质高产多抗麦类新品种选育	优质啤酒大麦、饲料大麦新品种选育及示范	云南省农业科学院粮食作物研究所	215	2012.08—2014.12
云南省农业农村厅	现代种业发展项目	麦类育种材料创新和品种改良	大麦新品种选育及示范推广	云南省农业科学院粮食作物研究所	50	2012.09—2013.06
云南省科学技术厅	科技惠民专项（2014RA056）	优质专用高产多抗麦类新品种选育及示范	优质啤酒大麦、饲料大麦、青稞新品种筛选	云南省农业科学院粮食作物研究所	340	2014.08—2017.12
云南省科学技术厅	重大科技专项计划（2019ZG004）	青稞产业链关键技术研究及产业化开发	青稞种质资源引进、鉴定及创新利用；新品种选育及新品种绿色高效栽培技术研究；青稞精深加工产业化	云南省农业科学院粮食作物研究所	1 300	2019.01—2021.12
云南省科学技术厅	重大科技专项计划（202102AE090014）	绿色高效专用麦类新品种选育及生产关键技术研发	高效专用大麦新品种选育	云南省农业科学院粮食作物研究所	530	2021.01—2023.12

表 2-2　云南大麦取得的部分科技成果奖励

奖励名称	颁奖单位	等级	名称	第一单位	获奖年度
云南省科学技术进步奖	云南省人民政府	二等奖	高产广适系列大麦品种的选育与应用	云南省农业科学院粮食作物研究所	2012 年
全国农牧渔业丰收奖	中华人民共和国农业农村部	二等奖	低纬高原大麦绿色高效技术集成与应用	云南省农业技术推广总站	2019 年
云南省科学技术进步奖	云南省人民政府	一等奖	早秋小麦大麦高产高效栽培技术体系构建及应用	云南省农业科学院粮食作物研究所	2020 年
云南省科学技术进步奖	云南省人民政府	三等奖	云南迪庆藏区青稞高效栽培与产业化示范技术集成	迪庆州农业科学研究院	2020 年
云南省科学技术进步奖	云南省人民政府	二等奖	功能性稻麦新品种选育及综合利用	云南省农业科学院生物技术与种质资源研究所	2021 年

根据中国种业大数据平台统计，截至 2021 年 12 月全国共通过农业农村部非主要农作物品种登记大麦（青稞）品种共计 192 个，其中云南省共登记 75 个，占全国登记数量的 39%，是中国大麦品种登记数量第一大省份，其中云南省农业科学院生物技术与种质资源研究所登记 24 个，是全国登记大麦品种数量最多的单位，云南省农业科学院粮食作物研究所和保山市农业科学研究所各登记大麦品种 16 个，并居全国第 2 位，是全国大麦育种优势单位。在云南，大麦主栽品种主要有云南省农业科学院粮食作物研究所选育的云大麦、云啤麦、云饲麦和云青等系列，云南省农业科学院生物技术与种质资源研究所的云啤和云饲系列，保山市农业科学研究所选育的保大麦、保饲麦系列，大理白族自治州农业科学推广研究院选育的凤大麦、凤饲麦、凤啤麦系列。

部分主栽品种创造了一大批高产纪录与典型，其中 2009 年 4 月 17 日在腾冲验收的云大麦 2 号 206 亩连片亩产 629.6 千克，最高单产 720.8 千克，创下全国百亩连片和我国大麦最高单产两项纪录；2016 年在丽江玉龙县黎明乡验收的云大麦 12 号亩产 608.2 千克创造了全国青稞最高产量纪录；2017 年在丽江玉龙县黎明乡验收的云大麦 12 号亩产 624.75 千克，刷新了全国青稞单产纪录；2018 年 5 月 9 日，玉龙县对 S-4 进行高产验收，单产达 756.6 千克，再次创造全国最高单产纪录；2020 年 4 月 27 日，在丽江市验收的保啤麦 26 号亩产 749.56 千克，是全国大麦单产第二高产。

四、云南大麦生产存在的主要问题

1. 受自然条件制约

大麦产量始终受着冬春干旱、低温寒害、土壤贫瘠的严重制约，生产上存在着中低产面积大，地区之间不平衡突出等问题。

2. 种子繁育、生产、加工供应能力不足

大麦作为常规种子，种子生产经营的投资大、仓储加工数量大，而利润微薄，企业对此行业的投资积极性不高，大部分种子生产经营企业把大麦种子作为附属品零星生产和经营，无论是数量还是规模，大麦种子的生产和经营在同行中仍处于劣势。

3. 商品粮质量不稳

原因主要是生态与土壤条件的差异，分散种植标准化管理程度不够，生产过程的品种质量参差不齐，农民自主留种种植现象普遍，混杂现象严重。

4. 产业化水平低

一是由于地区差异较大，种植分散，标准化生产技术普及率低，农民生产过程重品种、轻管理，使大麦的品质潜力不能充分发挥，加上混收、混储、混销，影响了商品大麦质量的稳定。二是生产、流通、加工环节分属不同部门，相互割裂，产业化发展滞后。三是生产成本高、比较效益相对较低。

第三章　云南各地州大麦栽培技术

第一节　保山大麦栽培技术

一、大麦生态环境和生产概况

1. 农业气候资源

保山市地处云南省西部，位于东经98°25′—100°02′和北纬24°08′—25°51′。海拔从535米的万马河口到3 780.9米的高黎贡山大脑子，平均海拔1 800米左右。从气候类型方面看，包括低纬气候、高原气候、季风气候、山地气候；从光热资源方面看，包括热带、亚热带、温带和高寒冷凉气候资源。年平均气温14.8～21.3℃，极端最高气温40.4℃，极端最低气温－4.2℃；最冷月为1月，月平均气温8.2℃；最热月为6月，月平均气温21.1℃；年温差较小，日温差较大，≥10℃的活动积温4 663～7 800℃；无霜期238～335天，全年日照时数2 076.6～2 354小时；年平均降水量746.6～2 095.2毫米，降水量充沛，干湿季分明。

保山市土壤类型为水稻土、火山灰土、红壤、黄红壤、燥红土，有机质含量26.57～51.85克/千克（指标为＞20克/千克），速效氮含量132～269.99毫克/千克（指标为170～380毫克/千克），速效磷含量19.92～37.84毫克/千克（指标为15～23毫克/千克），速效钾含量141.97～226.47毫克/千克（指标为80～120毫克/千克），隆阳、施甸、龙陵土壤养分适量缺氮，其余均在土壤养分指标的适量范围，pH 4.5～6.7，良好的土壤为大麦高产提供了良好的条件。

2. 大麦生长的限制因子

（1）种植效益相对较低。通过计算，农户种植大麦每亩纯收益仅为35～

335 元，但该收益是在没有租地的情况下计算的，如果算上每亩 200 元的地租，农户种植大麦的纯收益为－65～235 元，相比种植蔬菜、水果、中草药等经济作物效益较低。

（2）种植规模小而散。保山市土地流转处于初步发展阶段，尚未形成土地规模化经营，再加上保山市 95％以上是山，受地形和环境限制，土地垭块面积较小且连片面积也不算太大，导致农户种植规模普遍较小。基本是农户各自分散种植，布局较乱，还无法形成规模化优势，导致种植品种多而杂。

（3）科研生产衔接不紧密。保山市在大麦产业发展过程中，由于育种单位不能销售种子，大麦属于常规种，种业公司也不愿意生产销售大麦良种，导致科研环节与生产环节衔接不够紧密，特别是新品种难以大面积示范推广，从而制约了大麦生产性能的发挥。农户种植大麦的种子基本是自留和相互对换，品种长期使用而且没有提纯复壮，很多优良性状出现退化，新的品种又难以及时推广到种植户手中，致使大麦单产水平和品质不高。

（4）缺乏产业政策扶持。目前，政府基本没有对大麦产业发展的扶持政策，也没有良种补贴和收购保护价等政策，每年仅是科研推广部门拿出有限资金举办一部分新品种、新技术示范样板。科研环节，政府对科研单位在新品种选育、栽培技术研究、示范推广等环节投入的资金十分有限，即使选育出优良品种、研究出好的栽培技术也无法大面积应用。

3. 栽培制度

保山市大麦全部为秋冬播，由于保山干湿季节分明，冬春干旱已形成常态化。1971—2010 年气象资料表明，11 月份至次年 4 月份 6 个月全市平均降水量仅为 191 毫米，仅占全年降水量的 19.3％，降水天数仅为 29 天；而 8—9 月份两个月降水量达 320.1 毫米，占到全年降水量的 32.4％，降水天数达 38 天，雨量充足。加之保山市农业基础设施脆弱，旱地小春基本是雨养农业，雨量决定产量，单产低而不稳，不少山区半山区时常绝收，农户劳而无获，严重影响麦农种植积极性，冬季无灌溉条件的耕地（尤其是山地）撂荒现象十分突出。加之，随着产业结构调整，旱地退耕还林、发展核桃和水果等，种植大麦因比较效益不高，发展受限。根据保山产业特点，我们先后研究出不同的栽培制度。

（1）稻后免（少）耕轻简栽培模式。大麦免（少）耕栽培技术是无须犁耙或人工翻挖碎土，直接起沟土盖麦的种植方式，具有省工省时、保护耕作层、保持土壤结构和肥力、蓄水保墒等优点，一般可提早播种 5～10 天，每亩省工

2～4个，可以少灌水1～2次。2015年该技术入选云南省主推技术。

（2）"大麦—烤烟—大麦"耕作模式。烤烟已成为云南省经济支柱产业，是较多山区、半山区农民脱贫致富的主要经济来源。一是烟前种植大麦，大麦早熟早收获，为烤烟适时早栽创造最佳的移栽节令，充分利用前期光热，使烤烟提质增效；二是烟前种植大麦比烟前种植茄科、十字花科等作物可以降低烤烟黑胫病发病率1.2%、菌核病5%～8%；三是烟后种植大麦能充分利用烟后余留的土壤肥力，每亩可减少普钙、硫酸钾用量10～15千克、3～5千克，每亩节约生产成本19～30元。2015年该技术入选云南省主推技术。

（3）核桃林下套种大麦种植模式。核桃产业是云南省近年来的重点产业，截至2017年底云南省核桃种植面积达4 300万亩，居全国首位，保山市种植450万亩，其中200万亩属中幼林，其中100万亩左右中幼林种植在常耕地上，每亩种植核桃树12株，株行距较大，种植密度稀，有效利用空间较多，冬季落叶，园地实为冬闲的有利条件。合理选择山地、半山地的核桃中幼林适宜区域，充分利用秋末至春初核桃落叶休眠期的土地、光、热资源适时套种大麦，探索"以短养长、林粮间种"共促发展的新模式，有效解决林粮争地、饲料短缺的问题，既可增收一季大麦，也有利于核桃树生长，增产增收。该技术已在保山、临沧、大理等州（市）大力示范推广。通过推广核桃林下套种大麦集成技术，一是增加土地鲜活植物覆盖，有效抑制草害，涵养水肥；二是在大麦种植管理过程中改良土壤；三是增加复种指数，提高土地利用率，增加一季大麦产量，一般亩产250～400千克，增加产值500～800元。2020年该技术入选云南省主推技术。

（4）大麦抗旱减灾耕作模式（早秋大麦种植模式）。在冬春持续干旱的情况下，保证大麦作物的生产安全，必须进行耕作制度改革，改变常规的生产方式。通过多年探索研究得出结论，大麦早播有利于抗旱减灾。在海拔1 500米以下次热区，前作收获较早，田地空闲，选用早熟春性品种，于8月下旬至9月中旬提前播种，比传统播种提早30～40天，此时还是雨季，降水充沛，土壤水分足，播种后5天左右就出苗，达到苗早、苗足、苗齐、苗匀，为后期高产打下坚实基础，同时利用前期雨水重施底肥、早施追肥，有利发挥肥效，前期早生快发，促进后期高产，缩短生育期20～30天，到2月底3月初，气温开始回升，蒸发量增大时，大麦已经成熟待收获。海拔1 500米以上的温凉区及冷凉区，前作收获迟，可适当推迟至9月下旬播种，比传统播种提早20天左右，也可获得高产。2019年该技术入选云南省主推技术。

4. 种植品种更换与性状演变

2004年以前生产应用的大麦品种主要是外引品种，比如：V_{24}、V_{06}、86—40、莫特44、科利培、V_{013}、V_{43}、YS 500等；经多年应用后，种性逐渐退化，已满足不了生产要求。保山市农科所开始选育具有自主知识产权的品种，至今育成并通过国家登记的品种有16个，其中10个入选了云南省主推品种。现生产应用面积较大的多棱品种有保大麦8号、保大麦14号、保大麦13号等，其中保大麦8号年最大推广面积达80万亩；生产应用面积较大的二棱品种有保大麦6号、保大麦22号。

种植品种产量随着年代变化增加显著；全生育期变化不大，维持在155天左右；株高随年代变化降低明显，多棱品种降低了13厘米，二棱品种降低了15厘米；有效穗随年代变化而增加，多棱品种增加了1.4万～3.5万穗/亩，二棱品种增加了10万～13.3万穗/亩；穗实粒数随年代变化而增加，多棱品种增加了4.9～15.6粒，二棱品种增加了2粒左右；千粒重随年代变化而增加，多棱品种增加了1～3.3克，二棱品种增加5～10克。

5. 生产水平

保山市大麦平均单产较低，低于全国平均单产30～40千克/亩。据统计，1958—1994年，保山市大麦单产从34千克/亩增加至168.2千克/亩，36年的时间，单产增加了134.2千克/亩。1994—1999年大麦单产仅增加了1.8千克/亩。2005年，单产突破200千克/亩，达到201.8千克/亩。2006—2015年大麦种植面积逐年增加，2020年单产达到了256.6千克/亩。但保山市大麦单产创造了“四个全国第一”，即2009年实收“云大麦2号”亩产干重720.8千克，分类测产验收“云大麦2号”“保大麦6号”百亩丰产样板平均亩产629.6千克，千亩示范片平均亩产578.7千克，万亩示范区平均亩产504.2千克，经科技查新证明，亩、百亩、千亩、万亩样板平均单产均创国内最高纪录。

6. 主要用途

大麦有着较高的饲用价值，大麦是家畜、家禽的优秀饲料，随着人民生活水平的快速提高，养殖业、酿酒业得以迅猛发展，对大麦数量的需求日益增加，现有的大麦生产状况已不能满足这种日益增长的需求，特别是近年来保山市每年需调入约1亿千克左右饲料。中国大麦的国内需求包括食用消费、饲料消费、工业加工消费、种用消费等，中国大麦消费需求总量均保持在每年40亿千克以上，因此，需求存在较大缺口。保山市每年收获大麦1.24亿千克，95%以上用作饲料消费，其余一部分用于加工消费（酿酒），食用消费基本为零。

7. 发展的必要性

（1）有利于低温多雨区高产稳产农田建设。生产实践证明，大麦不是懒庄稼，大麦是一个高产作物，不论是高海拔的冷凉山区，还是雨季较早的多雨区，高产稳产农田建设关键取决于小春是否为大春创造了条件，只要抓住大麦突出的早熟性和显著的丰产性，高产稳产农田建设问题将迎刃而解。

（2）有利于冬季农业开发，缓解大小春茬口矛盾。开发利用大麦突出的早熟性，不仅播种没有问题，而且收获完全有把握，更重要的还在于大麦为后作赢得使单产提高10%左右的光合潜能。

（3）有利于提高复种指数。保山多年推广的小麦生育期170天以上，中海拔地区如果水稻、玉米、烤烟的前作种植小麦，两季茬口矛盾相当突出，部分田地冬闲，如果改种植小麦为大麦，不但能解决茬口矛盾问题，还能提高复种指数。在增加农民收入的同时，还能增加优质饲草饲料，促进畜牧业发展，走可持续发展道路。

（4）有利于耕作制度的改革。大麦—烤烟—大麦种植模式利用大麦的早属性，可使烤烟提前15～20天移栽（保山市要求4月底关烟门），能充分利用光热资源，烤烟早栽，光合物质积累多、香气足、病害轻、烘烤质量佳，经济效益增加。充分利用烟后余留的土壤肥力，每亩可减少普钙、硫酸钾用量10～15千克、3～5千克，每亩节约生产成本19～30元。同时烤烟以大麦和油菜为前作较好，烤烟属茄科，与十字花科的作物轮作易造成病毒病危害严重（油菜属十字花科），所以烤烟与大麦（禾本科）轮作最佳。“大麦—烤烟”轮作比“十字花科、茄科—烤烟”轮作，减轻烟草茎黑病发生率5%～8%，烤烟病害减轻，可有效减少农药施用。

8. 种植成本

通过调查研究显示，近10年农户种植大麦的成本包括种子费用、化肥费用、农药费用、机械费用、人工费用等，每亩总成本达565元，其中种子费用50元、化肥费用140元、农药费用15元、机械费用160元、人工费等100元。农户收获大麦产量每亩300～450千克，按市场价2元/千克计，每亩收益为600～900元，每亩纯收益仅为135～435元（未计算地租成本）。

二、保山市田麦栽培技术

1. 构建高产群体动态和产量结构的指标

二棱品种：亩产500～600千克，基本苗18万～20万株/亩，最高茎蘖数

100万株/亩以上，有效穗60万～70万穗/亩，每穗实粒数22～24粒，千粒重45～48克。

多棱品种：亩产450～550千克，基本苗16万～18万苗/亩，最高茎蘖数50万～60万苗/亩，有效穗25万～30万穗/亩，每穗实粒数45～50粒，千粒重37～40克。

2. 区域化选择良种

高产区选用矮秆抗倒伏、分蘖力强的多穗型二棱品种，如保大麦6号、保大麦22号等，中产区、低产区、旱地选用中秆、抗旱抗寒、耐瘠的大穗型多棱品种，如保大麦8号、14号、13号、20号等。

3. 种子处理

播种前晒种1～2天，药剂处理种子：每10千克种子用6%戊唑醇5毫升兑水1千克湿拌种，种湿即可，种干即播。将调好的药液与种子充分搅拌混合，使药液均匀分布在种子上，并使种子表面全部潮湿，晾干后即播种，防治条纹病，防效达95%以上。有条件的每10千克种子用60～70毫升噻虫嗪悬浮种衣剂拌种，全生育期可有效防治蚜虫，节约后期防控蚜虫的生产成本。

4. 麦地整理

（1）板墒麦。2.0米开墒，沟宽0.3米，净墒面1.7米，沟深沟直、墒平土细，拉线条播，每墒种6行，行距28厘米左右。碎墒土盖麦或起沟土盖麦，种肥入土、减少露种、露肥。

（2）刨墒麦。前作收获后，及时清除前茬秸秆及杂草等，认真整地，做到深耕、垡细，保持土壤疏松、地面平整、无杂草。宜采用理墒跟沟条播或起沟条播，净墒面1.7～2米，沟宽20厘米，沟深20厘米，行距25厘米，播后覆土2～3厘米，播种均匀，不重不漏，行距一致，深浅一致，可提高抗旱能力，灭三子（深子、露子、丛子）、促苗早、苗全、苗齐、苗匀。如劳动力缺乏，整地分墒后，人工撒播，采用小型旋耕机盖种，盖种不能超过2～3厘米，每亩需增加播种量1～2千克。

5. 适期播种

10月20日—11月20日，太早易受冻害，太迟影响后作早栽。

6. 精量播种

多棱7～8千克/亩，二棱8～10千克/亩。

7. 科学施肥

有机、无机肥结合，配方施肥，改变传统的“前少、中促、后补”施氮原则为“前促、中补、后控”原则，磷、钾肥在播种时一次性做基肥施下，氮肥50％做基肥，40％作分蘖肥施下，10％在拔节期作平衡肥施下，以基肥、分蘖肥为主，拔节期平衡肥为辅。底肥：多施腐熟农家肥，1 500～2 000 千克/亩；种肥：尿素 18～24 千克，普钙 30～40 千克，硫酸钾 6～10 千克或专用复合肥 20 千克（N∶P∶K＝15∶15∶15）、尿素 10～15 千克；追肥：亩施尿素 12～16 千克作分蘖肥，打洞深施为佳，灌水撒施其次。长势不匀田块，拔节前后每亩追施尿素 5 千克作平衡肥。烟后麦每亩少施尿素 10 千克，普钙 15～20 千克，不施钾肥。

8. 科学灌水

在出苗期、分蘖期、拔节期、抽穗扬花期、灌浆期根据旱情适时灌水 3～4 次。板墒麦出苗水必灌，增加田间出苗率；灌浆期、成熟期早灌，防止高温逼熟，增加千粒重。采取大水灌入、淹近墒面、表潮里湿、速灌速排，忌久淹。

9. 田间管理技术

保山市大麦主要病害为白粉病、锈病、条纹病；主要虫害是蚜虫；主要草害是禾本科杂草和阔叶杂草，禾本科杂草主要有䓪草、野燕麦、狗看麦娘、日本看麦娘、硬草、茵草、赖草、棒头草等；阔叶杂草主要有繁缕、猪殃殃、野芥菜、地肤、柳叶刺蓼、酸模叶蓼、藜、小藜、鬼针草等。

坚持“预防为主、综合防治”，认真做好大麦病情、虫情调查。苗期组织进行大田化除杂草，减少杂草争水争肥。在大麦分蘖盛期、抽穗扬花期病虫害高发条件下，统一开展“一喷三防”作业。有效控制病虫的扩大蔓延。

防草：杂草 2～3 叶时，每亩用爱秀（5％唑啉草酯乳油）80 毫升加 10％苯磺隆粉剂 20 克或大骠马（6.9％精噁唑禾草灵乳剂）50 毫升加 10％苯磺隆粉剂 20 克兑水 45 千克喷雾，此法对禾本科杂草（特别是䓪草有特效）及阔叶杂草均有较好防效，并对麦苗无药害或药害较轻。

防虫：分蘖盛期、抽穗期用粉锈宁和杀虫剂混合喷雾防治病虫各 1 次；灌浆期、成熟期视蚜虫数量再防虫 1～2 次。蚜虫：在蚜虫发生初期应立即喷施，可用 10％吡虫啉可湿性粉剂 1 000 倍液，或 2％二甲基二硫醚 300～500 倍液喷雾防治。

防病：白粉病：发病初期选用 80％的戊唑醇可湿性粉剂 5 000 倍液或 15％三唑酮可湿性粉剂 500 倍液喷雾防治。锈病：发病初期用 15％三唑酮可湿性粉剂 500 倍液或 50％多菌灵可湿性粉剂 500 倍液喷雾防治。

10. 收获与贮藏

蜡熟末期采用机械收获，留种田收获前去杂去劣。收获后及时晾晒 3～4 天，籽粒含水量低于 13%，贮藏于通风干燥处。用作种子的单贮，严防混放混杂。

三、保山市旱地大麦栽培技术

1. 选择良种

选用分蘖力强、抗旱、抗寒、抗病、耐瘠的多棱中等或大穗型早熟春性品种，如保大麦 8 号、保大麦 14 号、保大麦 13 号、保大麦 20 号等。生育期迟、穗小粒少、二棱秆矮、冬性强、抗病性差、分蘖弱的大麦品种不宜用作旱地大麦种植。

2. 种子处理

播种前晒种 1～2 天后药剂处理种子：每 10 千克种子用 6%戊唑醇悬浮剂 5 毫升兑水 1 千克湿拌种，种湿即可，种干即播，可有效防控条纹病等，防效达 95%以上。有条件的每 10 千克种子用 60～70 毫升噻虫嗪悬浮种衣剂拌种，全生育期可有效防治蚜虫，节约后期防控蚜虫的生产成本。

3. 提早播种

海拔 1 500 米以下次热区，前作收获较早，田地空闲，于 8 月下旬至 9 月中旬提前播种，海拔 1 500 米以上温凉区及冷凉区可适当推迟至 9 月下旬播种。

4. 田地整理

前作收获后，及时清除玉米秆、烟秆、残膜等，然后机耕或畜耕，做到深耕、土细，保持土壤疏松、平整，整地后人工撒播种子、肥料，然后人工理墒起土盖麦或浅锄盖麦，平地或缓坡地可采用小型旋耕机浅旋盖种，尽量减少深子、露子、丛子，促苗早、苗全、苗齐、苗匀，可提高抗旱能力。

5. 精量播种

由于 8—9 月份雨水充足，湿度大，温度高，大麦前期生长旺盛，易发生倒伏，应适当减少播量，保大麦 8 号、13 号、20 号每亩播种量 8～9 千克，保大麦 14 号每亩播种量 9～10 千克，如分蘖盛期长势过头，欲发生倒伏或已倒伏，可用锋利镰刀割尖处理，避免倒伏造成减产。

6. 科学施肥

有机、无机肥结合，配方施肥，按照“前促、中补、后控”施氮原则，重施基肥和分蘖肥，拔节期补施少量氮肥作平衡肥，后期抽穗后控制不施穗肥。播种前，有条件尽量多施农家肥，每亩施尿素 20～25 千克、普钙 25～30 千克、硫酸钾 5～8 千克或复合肥（N：P：K=13：5：7）40 千克，尿素 20 千克作种肥，播种前混合撒施。大麦分蘖期，抢雨水每亩追施尿素 10～15 千克作分蘖肥。烟后大麦每亩可减少尿素 10～15 千克，过磷酸钙 15～20 千克，不施钾肥。

7. 叶面喷施

根据旱情和麦苗长势选择抽穗扬花期、灌浆期结合病虫害防治叶面喷施 0.3%磷酸二氢钾、1%尿素 1～2 次。

8. 田间管理

大麦生长期间基本无草害，病虫害发生较为频繁，发生较广、危害较重的是白粉病和蚜虫，抽穗前大麦白粉病和蚜虫为害发生时，可选用 80%的戊唑醇可湿性粉剂 5 000 倍液或 15%三唑酮可湿性粉剂 500 倍液和 10%吡虫啉可湿性粉剂 1 000 倍液或 3%啶虫脒水剂 2 000～3 000 倍液等杀虫剂混合防治病虫害 1 次；齐穗后，视蚜虫发生情况防虫 1～2 次。连作的玉米、烤烟地，蛴螬和蝼蛄等地下害虫为害幼苗比较严重，要结合整地用辛硫磷、菊酯类等药剂触杀、胃毒防治。旱地大麦成熟早，容易发生鼠害，因此要在抽穗期、灌浆期、成熟期投放毒饵诱杀 1～3 次。

9. 收获与贮藏

适时收获，粒秆同饲，大麦至蜡熟末期麦粒有机物质不再增加，干物质积累已达最大值，即可收获。大麦秸秆是很好的饲草饲料，一是把大麦秸秆和籽粒同时粉碎后饲喂畜禽；二是大麦籽粒粉碎后饲喂畜禽，秸秆饲喂牲畜或用于牲畜垫圈取暖，腐烂后作农家肥。

第二节　大理大麦栽培技术

一、大麦生态环境和生产概况

大理州及云南省是全国优质啤酒大麦和饲料大麦的优势产区，近 10 年来云南省常年种植大麦面积约 350 万～400 万亩，总产量在 80 万～90 万吨，其中大理州种植面积达 70 万～80 万亩，总产量在 18 万～20 万吨，大麦是云南省及大理州小春生产和发展高原特色现代农业、实施绿色生态种植的主要优势作物，全省坝区、山地、半山地、河谷、旱地、水田均有分布种植，2018 年大理州大麦种植面积达 73.14 万亩，总产 19.67 万吨，籽粒饲草综合产值约 8.2 亿元。大理州大麦约 80％主要用作牲畜优质饲草饲料，15％～20％作优质酿造原料，年提供 3 万～6 万吨作优质大麦白酒原料和优质啤酒原料，约 3％作良种供大理州及云南省大麦主产区，是云南省优质大麦良种繁育基地。

1. 农业气候资源

大理白族自治州位于云南省中部偏西，在北纬 24°41′～26°42′，东经 98°52′～101°03′。自治州总面积 29 459 平方千米，山区面积占总面积的 93.4％，坝区面积占 6.6％，其中林地约占 60％、牧地占 20％、耕地占 13％、其他用地占 7％。全州辖 1 市 11 县，110 个乡镇，是我国唯一的白族自治州。

大理州地处云南高原与横断山脉南端的接合部，怒山和云岭两大山系纵贯全境，地形地貌复杂多样。境内地势北高南低，自西北向东南延伸倾斜，海拔差异悬殊较大，北部剑川与丽江地区兰坪交界处的雪斑山是州内群山的最高峰，海拔 4 295 米，最低点是云龙县怒江边的红旗坝，海拔 730 米。坝区的海拔也悬殊较大，鹤庆坝和剑川金华坝的海拔接近 2 200 米，而宾川坝和弥渡坝的海拔只有 1 430 米和 1 630 米左右。

大理州属横断山区，以高山峡谷、梯台地（阶地）、河谷，山间盆地为主，州内土壤和植被垂直分布带明显，分布复杂、种类繁多，土壤类型以红壤、紫色土、水稻土为主。植被有常绿阔叶林、落叶阔叶林、云南松、针叶林及高山草甸等，森林资源丰富，是云南省的重点林区。州内湖泊盆地众多，面积在 1.5 平方千米以上的盆地有 18 个，面积共 1 871.49 平方千米，占全州总面积的 6.6％。主要河流属金沙江、澜沧江、怒江、红河（元江）四大水系，有大小河流 160 多条，呈羽状遍布全州。州境内分布有洱海、天池、茈碧湖、西湖、东湖、剑湖、海西海、青海湖 8 个湖泊。这些天然淡水湖泊，既有灌溉供水之利，又有水产之富，更有调节气候之功能。

大理州气候属于低纬高原季风气候，立体气候特点显著，干湿季节分明，大部分地区夏无酷暑，冬无严寒，年温差小，日温差大。境内山脉、河流纵横，地形错综复杂，地势悬殊，使气候不但在水平分布上存在热（包括亚热带）、温、寒不同和干、湿状况各别的明显差异，地形小气候更是千差万别，而且在垂直方向上也存在显著的气候差异，有“一山分四季，十里不同天”之说，景象别具特色，立体气候明显。由于海拔高度和坡向坡度的不同，气候和降水随海拔高度的分布差异很大。一般海拔高度每上升 100 米，温度平均递降 0.6～0.7℃，在一定的海拔范围内降水随海拔升高降水量也随之增多，暖湿气流迎风坡的降水量比背风坡多，山区比坝区降水量多，低热河谷的降水量最少。

全州各地年平均气温 12～19℃，最热（6 月）月均温在 19～25℃，无候平均气温≥30℃的酷热期，35℃以上的高温日数一般不出现或出现甚少。最冷（1 月）月均温在 5.0～13℃，无候平均气温≤0℃的严寒期，年温差 12～14℃。一天内早晚较凉，中午较热，尤其是冬、春两季，日温差在 13～20℃。全州降水在季节上和地域上的分配极不均匀，雨季为 5—10 月，集中了83%～95%的降水量；旱季为 11 月至次年 4 月，降水量仅占全年的 5%～17%。全州年平均降水量 836 毫米，最多大理市 1 055 毫米，最少宾川仅有 564 毫米，大部分地区年降水量在 900 毫米以下。各地无霜期 225～345 天，无霜期较长。

大理州境内由于地形地貌复杂多样，海拔高差较悬殊，气候垂直差异十分显著，气候资源丰富，气候类型多样，立体气候明显。在低纬度、高海拔地理条件及季风环流的综合作用下，形成了兼有低纬气候、季风气候、山地高原气候某些特点的低纬、高原季风气候。气温随海拔高度增高而降低，雨量随海拔增高而增多，形成了河谷热、坝区暖、山区凉、高山寒的立体气候。

主要气候与农业生产具有以下特点：

（1）年温差小，四季不明显。冬无严寒，夏无酷暑，气温年较差小，日较差大。冬无严寒，有利于小春作物的生长，为增加小春复种提供了有利的热量条件；夏无酷暑，不会使作物因高温而受害减产，对热量的利用有效性高。此外，冬无严寒有利于作物病虫越冬，而夏季温度不高，又限制了一些病虫的大量发生。气温年较差小和日较差大相结合，有利于营养物质的积累，对作物的生长发育、健苗壮株和形成大穗大粒及增加千粒重十分有利。白天温度高，夜间温度低，还有利于作物的低温锻炼，提高抗寒能力。由于冬春季节的温度日较差大，夜间地面辐射降温急剧，易出现低温霜冻，使小春作物易受霜冻为害，并影响大春作物早播早栽。

（2）季风影响强烈，干湿季分明。干凉同季，雨热同季，干雨季分明，冬春干旱突出。该区域 85%以上的降水量集中在下半年（5—10 月），又以 6 至 9 月份雨量最为集中，夏、秋季降水量丰富和云量多、日照减少、夏温偏低，温度日较差较小。冬半年是干季（11—4 月），晴天多、日照充足、气温偏高、昼夜温差大、降水量少，湿度小、风速较大等，往往形成冬、春干旱。特别是 3—4 月和 5 月的前半月（雨季开始迟的年份包括整个 5 月），因温度迅速上升，土壤水分蒸发快，作物蒸腾量大，需水量多，而此时土壤湿度迅速降至最低值，加之空气非常干燥，降水量远远满足不了小春作物的需水要求，因此，春旱经常发生。如果没有灌溉条件的保障，小春作物产量往往低而不稳。

（3）春早春暖，秋早秋凉，春温高于秋温。春早春暖，为大春作物早播早栽，充分利用五六月高温期，避过秋季低温影响，提供了有利条件。秋早秋凉，使高海拔地区的大春作物生长后期易遇低温影响，不利于稳产高产和优质。

（4）气候水平分布复杂，“立体气候”显著。由于地形地势的影响，光、热、水等气候要素的水平分布复杂，“立体气候”显著，各地光、热、水等农业气候要素的组合也大不相同，形成了热量条件不同和干湿各别复杂多样的农业生态气候环境，并存在河谷热、坝区暖、山区凉、高山寒的状况。一方面为发展立体农业提供了良好条件；另一方面又为农业集约化生产规模化经营带来困难。

（5）气候要素年际变化大，气象灾害较多。干旱、低温冷害、霜冻、洪涝等农业天气灾害经常发生，对农业生产影响较大。

2. 大麦生长的限制因子

通过历年来试验示范总结，大面积生产实践检验，影响该区域大麦高产高效的制约因素主要是：一，大麦生育期降水严重不足；二，冬春干旱、低温霜冻等灾害天气常发频发；三，常发生不同程度的条纹病、网斑病、白粉病、锈病、蚜虫等病虫为害；四，免耕大麦田草害较重，易发生草荒、草灾，同麦苗争肥、争水、争光；五，撒播不匀容易导致漏籽、丛籽；沟泥和有机厩肥盖籽不匀，露籽多；六，免耕大麦田容易发生早衰，后期存在倒伏风险；七，耕作管理粗放；八，山区半山区大麦机械化收割水平较低。针对上述主要制约因素大理州大麦栽培技术需要在品种、耕作、栽培、肥水管理、病虫害防治等方面提升栽培技术水平，实现优质绿色高效营养安全可持续发展的目标。

3. 栽培制度

大理州属于西南高原冬大麦区，具有低纬高原季风气候特点，太阳辐射强，光照充足，日照时数多，冬无严寒，夏无酷暑，气候温和，雨量适中，气温年变幅小，昼夜温差大，十分有利于冬大麦等作物的干物质积累，是云南省及中国大麦生产的最佳适宜区域。该区域气温年变幅小，冬暖夏凉，又为大麦能一年四季生长发育提供了气候生态条件。同时也是水稻、玉米、烤烟、马铃薯、小麦、油菜、蚕豆等农作物优质高产的优势产区。

大理州大麦的复种轮作方式与耕作栽培制度主要以大小春一年两熟为主，光热资源丰富的部分区域采用间套种方式变一年两熟为三熟。种植作物年内轮作方式主要有如下几种：大麦—玉米；大麦—烤烟；大麦—水稻；核桃林下＝大麦；大麦—玉米＝豌豆；大麦—烤烟＝蔬菜；大麦—烤烟＝马铃薯。

大麦根据灌溉条件，可分为早秋大麦、旱地大麦和田大麦（灌溉大麦）三类，早秋大麦是指种植于海拔 2 000 米以下山区、半山区秋季作物烤烟、玉米收获较早的旱地，以及尚未挂果的幼龄核桃林地，9 月中下旬抢墒播种，12 月中下旬至翌年 1 月抽穗扬花，翌年 2—3 月成熟收获的大麦。旱地大麦种植于大麦生育期间无法实施灌溉，大麦生长所需水分完全依靠自然降水的旱地；田大麦种植于大麦生育期间，具有灌溉条件，可以根据大麦生长发育需求及时进行灌溉的稻田和灌溉条件好的水浇地。

大麦具有早熟耐迟播，稳产、增产潜力大，适应性广，耐旱、抗逆性强，较小麦省水省肥和较能抗病虫为害等良好的生物学特性，同时具有显著的耐瘠、易栽培，耐粗放耕作的土壤生态优势。大麦的这一宝贵生物学特性和土壤生态优势，在复种轮作与耕作栽培制度中发挥着十分突出的重要意义。

大麦早熟，是水稻、玉米和烤烟等大春作物的良好前茬，能为后作早栽早种提供条件并实现增产增收，同时还有利于农时调节；另外，还可实现间套种等立体种植或变一年两熟为一年三熟；大麦适应性强，增产潜力大，易栽培，耐瘠，可在低产小麦蚕豆田改种大麦，有利于提高小春粮食产量和全年总产，并能有效减轻小春生产中病虫草为害，实现作物合理轮作；大麦耐瘠，耐旱耐寒，抗逆性强，较小麦省水省肥的特性，为发展早秋大麦和旱地大麦生产，提高耕地复种指数，增加粮食总产创造了条件；大麦是烤烟的优良前茬，可充分满足烤烟早栽早种对优质光热资源的需求，并能有效减轻烤烟黑径病的为害，显著提高烤烟的产量和优质品率。

4. 种植品种更换与性状演变

（1）品种更换。

① 20 世纪 80 年代。20 世纪 80 年代中期以前大理州种植的大麦均以地方品种为主，如象图大麦、纽丝大麦等，这些品种秆高、分蘖力弱、产量低，年种植面积不超过 2.55 万亩，亩平均产量 100 千克左右。1986 年 3 月随着大理啤酒厂筹建，大理州农业科技工作者着手开始进行大麦新品种选育及配套栽培技术研究。“七五”期间与云南省农科院合作，开始引入外地品种苏啤 1 号、品八等试种，亩产 300～400 千克，高的达 500 千克。参与引种鉴定育成的苏

啤1号通过省级审定，品八通过了州级审定，大麦新品种引种鉴定试验示范初见成效，1990年全州大麦种植面积扩大到5.0万亩左右。

② 20世纪90年代。“八五”期间，在洱源、弥渡、巍山等县初步建立啤酒大麦基地，在继续应用啤酒大麦品种苏啤1号、品八的基础上，鹤庆、剑川等冷凉坝区为解决困扰当地种植业因小春作物小麦生育期长，蚕豆产量低，大小春两季矛盾突出，大春作物水稻无法实现早栽早种，避过8月低温冷害危害，导致水稻产量长期低而不稳的关键技术难题，积极探索以新作物新品种及配套技术作为突破口，引进大麦品种V24、V06、西昌大麦等进行试验示范种植，并屡创丰产高产典型样板。

“九五”期间，随着墨西哥啤酒大麦高代新品系S500和饲料大麦高代新品系V43在大理州引种鉴定筛选成功，并大面积应用于生产，大理州大麦生产出现了方兴未艾的局面。2000年大理州大麦面积发展到50.27万亩，平均亩产169千克，其中鹤庆县种植面积达7.28万亩，亩产233千克，大理州啤饲大麦基地建设初具规模。在此期间大麦高产典型不断涌现，1997年弥渡县密祉乡举办大麦品种S500高产示范，1 400亩平均实收产量达618.2千克/亩。啤酒大麦品种S500和啤饲兼用型大麦品种V43分别于2002年和2003年通过了云南省大麦品种审定（登记）。S500和V43育成至今作为云南省大麦主导品种，单个品种年度推广面积都曾超过100万亩，为大理州和云南省作物结构调整，啤酒白酒酿造、畜牧养殖业发展、饲草饲料加工，烟草产业提质增效，实现一二三产业融合发展作出了标志性贡献。

③ 21世纪头10年。进入“十五”以来，云南省农科院及大理、保山等州（市）农科院（所）在继续开展大麦引种鉴定系统选育的基础上，重点开展大麦杂交育种工作。至“十一五”末期大理州采用系统选育方法育成经省级登记品种凤大麦6号、S-4，州级审定品种94dm3、凤大麦5号，云南省农科院相继育成了云大麦、云啤系列品种，保山市育成了保大麦系列品种。在此期间大面积种植品种为S500、V43、S-4，示范推广品种为凤大麦6号、云大麦2号、澳选2号、保大麦6号，搭配种植品种为94dm3、凤大麦5号。2010年大理州大麦种植面积发展到68.50万亩，平均亩产121.5千克（当年因冬春夏特大干旱减产）。

④ 21世纪近10年。“十二五”至今，云南省大麦育种成效显著。大理州相继育成省级登记品种9个，其中杂交育种育成品种8个，系统选育育成品种1个，分别是凤大麦7号、9号、10号、11号、12号、13号、14号、17号，

凤0339，其中凤大麦7号于2016年、2018年和2020年入选云南省大麦主导品种，凤0339入选2019年云南省大麦主导品种。凤大麦6号、凤大麦10号、凤大麦11号、凤大麦12号、凤0339五个品种通过国家非主要农作物品种登记，凤大麦6号入选2017年云南省大麦主导品种。凤大麦7号、凤大麦9号、凤啤麦1号（凤大麦13号）、凤啤麦2号（凤大麦14号）四个品种通过了国家非主要农作物品种审核登记。凤大麦7号、8号、9号、凤啤麦1号、2号、3号、5号、6号八个品种获国家植物新品种权。

2011年至2018年大理州大麦面积持续稳定在70万亩以上，其中2012年面积最大，达78.75万亩，平均亩产量以2018年最高，达268.8千克。在此期间种植应用品种以S500、V43、S-4为基础，推广种植凤大麦6号、凤大麦7号、凤0339，搭配种植云大麦2号、保大麦8号、云啤18。凤大麦7号洱源县高海拔稻茬旋耕浅旋耕轻简高效栽培百亩示范，省级专家实产验收加权平均亩产达627.70千克，创云南省高海拔稻茬大麦轻简高效栽培高产纪录，鹤庆县千亩综合加权平均亩产608.23千克，创全国新高。

（2）性状演变。

① 产量显著提高。20世纪80年代中期以前，大理州大麦生产以优良地方品种为主，这些品种耐旱耐瘠性强，但丰产性差，亩产量75～100千克，高的品种竟达130千克。“七五”期间开始引入外地品种苏啤1号、品八等试种，亩产量300～400千克，高的达500千克/亩。“九五”期间育成品种V43，其在1996—1998年度大理州大麦品种区域试验中平均产量507.3千克/亩，比外引品种品八增产31.5%，大面积生产中一般单产450千克/亩，最高单产达721.6千克/亩，至今仍是云南省种植面积最大的饲料大麦品种。“十一五”期间育成品种凤大麦6号，其在2003—2004年度大理州大麦品种比较试验中平均产量478.0千克/亩，比高产品种S500增产4.3%，2007—2009年云南省大麦品种区域试验，平均亩产388.9千克，较对照S500增产10.6%，大面积生产中一般单产300～500千克/亩，最高单产达682.7千克/亩。“十二五”期间育成品种凤大麦7号，其在2012—2013年度大理州大麦品种区域试验中平均产量542.2千克/亩，比高产品种S500增产10.3%，大面积生产中一般单产300～500千克/亩，最高单产达718.2千克/亩。相较于地方品种和外引品种，自主选育品种的产量均有显著提升。从各育成品种参加大理州品种比较试验或省（州）区域试验的历年试验结果可知，育成品种均比当年的对照品种增产，有的品种增产达54.9%。这些高产品种的育成，为大理州乃至云南省大麦增

产增收均作出了重要贡献，有的品种育成后 20 多年仍继续在生产上发挥着作用。

② 抗病性不断增强。大理州属于西南高原冬大麦区，大麦白粉病、网斑病、条纹病是该区域的常发病害，特别是大麦白粉病，田间自然发病率可达 30%～100%。“九五”期间育成品种 S500，曾是“十五”“十一五”期间云南省种植面积最大的啤酒大麦品种，因种植年限长，“十一五”后期开始出现抗病性降低的问题。针对这一情况，大理州农科院及时推出凤大麦 6 号、凤大麦 7 号等优质高产抗病品种进行更替，这些品种自推广种植以来，不仅具有较强的白粉病抗性，对网斑病、条纹病也极少感病，有效降低了病害对大麦生产的影响。从近年育成的后备品种参加大理州及云南省区域试验结果和生产实践可以看出，多数参试品种病害轻，在白粉病、条纹病和网斑病方面均具有较强抗性、有的甚至不感病，育成品种的抗病性得到了不断增强。

③ 品质显著提升。针对云南省及大理州内先期建设并不断扩能的大啤集团、大理金穗麦芽有限公司、澜沧江啤酒有限公司及后期投资建设的嘉士伯（中国）啤酒工贸有限公司等企业，对啤酒大麦基地优质麦芽优质啤酒酿造原料的需求，大理州农科院育种团队在提高品种产量抗病性的同时，将品质育种作为开展育种工作的重点目标。

“九五”期间育成的啤酒大麦品种 S500 曾是 20 世纪 90 年代和“十五”“十一五”期间大理州啤酒大麦基地的主推品种，为大理州及云南省内乃至省外啤酒麦芽酿造提供原料，该品种产量高、稳产、适应性广、抗病耐病避病性强、生育期适中，但在啤酒麦芽品质上普遍存在浸出物偏低，籽粒皮壳较厚粒色较深等不足，极大地制约了优质麦芽啤酒产业的发展和企业效益与品牌的提升。

“十一五”期间大理州农科院育成并及时推出凤大麦 6 号，其原麦品质 10 项指标全部达到国家 GB/T 7416—2000 优级标准，蛋白质（绝干计）11.0%，千粒重（以绝干计）37 克，≥2.5 毫米筛选率 90%，三天发芽率 97%，五天发芽率 98%，水敏性 3%，水分 12.1%，夹杂物无，破损率 0.5%，色泽淡黄色，具有光泽，有原大麦固有香味。凤大麦 6 号细粉浸出率（以绝干计）达 82.1%，色度 2EBC，糖化时间 8 分钟，α-氨基氮 141 毫克/升，糖化力 347WK，库尔巴哈值 39%。其主要品质指标显著优于大面积主栽品种 S500，深受麦芽加工企业青睐，产业化开发优势突出。

“十二五”期间育成并推出的大麦品种凤大麦 7 号除兼具优质啤酒酿造大

麦的优良特性外，还是优质大麦白酒酿造的首选品种。凤大麦 7 号原麦品质 10 项指标全部达到国家 GB/T 7416—2008 优级标准，蛋白质（绝干计）10.7%，千粒重（以绝干计）40.3 克，≥2.5 毫米筛选率 90.8%，三天发芽率 95%，五天发芽率 97%，水敏性 3%，水分 10.6%，夹杂物 0.0%，破损率 0.1%，色泽淡黄色，具有光泽，有原大麦固有香味。凤大麦 7 号浸出物（绝干）79.6%，色度 4.0EBC，α-N 155 毫克/100 克，糖化力 346WK，库尔巴哈值 41.7%。其啤用品质指标达国标优级，显著优于 S500 和新育成优质品种凤大麦 6 号。

凤大麦 7 号因籽粒饱满均匀、皮壳薄、千粒重高，淀粉含量高，出酒率高，易蒸煮，品质好，被本地小酒坊、大麦酒生产企业自发用来酿造大麦白酒，市场反响好，对提升企业的效益与品牌知名度具有积极的推动作用。同期还先后育成了啤酒麦芽品质指标达国标优一级标准的啤酒大麦新品种凤大麦 9 号、凤大麦 10 号，凤大麦 11 号进行生产示范繁殖。

④ 穗实粒数增多，千粒重提高。穗实粒数在增加，“九五”至“十二五”期间，育成的二棱品种平均穗实粒数由 18 粒提升至 26 粒，多棱品种穗实粒数由 35 粒提升至 45 粒。千粒重明显提高，育成二棱品种千粒重一般在 45 克左右，多棱品种千粒重在 40 克左右，其中二棱品种凤大麦 9 号千粒重达 51 克，多棱品种 V43 千粒重达 46 克。

⑤ 中早熟，株高适中，秆强抗倒。育成品种生育期适中，生育期 146～162 天，分别为中早熟或中熟类型，适宜当地一年两熟耕作制度需求。株高改良成效明显，育成了株高适中、高产抗倒，有利于机械收获的 3 个批次品种，目前已成为云南省大麦主推品种，如二棱品种凤大麦 6 号株高约 80 厘米、凤大麦 7 号株高 75 厘米，多棱品种 V43 株高约 100 厘米、凤 0339 株高 88 厘米。

⑥ 稳产广适，抗旱耐瘠。品种的适应范围得到了扩展，V43、S-4、凤大麦 6 号、凤 0339 等品种高产抗病抗倒兼具抗旱耐瘠等特性，已在旱地大面积推广种植，适宜山地大麦品种的育成对山区大麦种植面积的增长起到了积极的推动作用。

5. 生产水平

（1）自然生态条件优越，大麦质优量好。大理州具有发展高档次优质啤饲大麦生产的得天独厚的自然条件和生态优势。境内属低纬高原季风气候，太阳辐射强，日照时数多，气温年变幅小，而昼夜温差大，为大麦生长发育创造了优越的自然生态条件。大麦生育期间光照充足，光质好，相对湿度低，温差大，十分有利于大麦光合产物的合成、运转和积累而形成较高经济产量，大麦不仅产量高，田大麦一般产量 300～500 千克/亩，最高产量可超过 700 千克/亩，而且质量好，蛋白质适中（10%～12%），籽粒饱满，千粒重高，淀粉含量高，浸出物高，符合优质啤饲大麦生产、加工条件。大麦收获季节，雨量稀少，天气晴朗干燥，大麦不仅成熟度好，色泽鲜亮，发芽率和发芽势高，而且籽粒自然干燥，利于运输和贮藏。

（2）面积超常规增长扩展，单产成倍提高。近 30 多年来，大理州大麦产业发展迅速，种植面积由 1985 年零星种植地方品种不足 3.0 万亩，平均单产 100 千克/亩，发展到 2000 年种植面积 50.27 万亩，平均单产 169.1 千克/亩，产量 8.50 万吨，2018 年发展到种植面积 73.14 万亩，总产量达 19.67 万吨，平均单产 268.8 千克/亩。大麦成为大理州小春生产的特色优势作物，面积超常规增长扩展，单产成倍提高，占据了小春生产的半壁江山。

育成的凤大麦系列品种产量高、增产潜力大、适应性广，在生产上得到了广泛应用，有效促进了大理州及云南省类似生态适宜区品种的升级换代，为不同生态区域大麦产业发展提供了品种支撑。据不完全统计，近 30 多年来，大理州育成大麦品种累计推广应用面积超过 2 250 万亩，占全州大麦种植面积的 80%以上，已覆盖云南省大麦种植区 30%以上的面积，社会经济效益显著。

（3）市场需求广阔，生产模式和产品开发呈现多样化和多元化格局。啤饲大麦基地建设初具规模。山区半山区核桃产业发展强势，核桃林下大麦种植迅速扩展，面大量多。大麦利用模式和产品开发呈现多样化和多元化格局，如林饲肥模式、大麦纯粮白酒酿造加工利用模式，大麦全产物（全株）青储青饲或干储干饲利用模式饲喂生态牛羊猪等。用大麦酿造的优质啤酒、优质大麦白酒（青酿酒）深受消费者喜爱，加工的畜产品优质营养安全，提升了生活的幸福感和满意度，为山区半山区发展绿色生态农业创造了有利条件和发展空间。

龙头企业嘉士伯啤酒集团、澜沧江啤酒集团、鹤庆乾酒有限公司、大麦白酒厂（作坊）等企业及奶牛、肉牛、生猪、肉羊等规模养殖场（农场）、专业合作社、农业科技公司等新型经营主体对优质大麦原料需求剧增，大麦无论作为优质啤酒、优质白酒原料，优质饲草饲料市场容量大，大麦专用生产及产品原料加工具有广阔的发展空间。

（4）绿色轻简高效集成技术不断创新发展。目前，随着城乡生产生活生态发展，农业产业结构调整，市场供给侧结构性改革，现代农业的进步，生态保护治理，绿色农业转型发展，大麦品种与生产关键技术向绿色高效方向不断延伸拓展。水稻、玉米、烤烟田（地）大麦耕作技术主要是旋耕浅旋耕免耕轻简高效栽培，要求品种优质抗逆稳产高效；土壤保护与肥力提升技术方面主要是如何增加土壤有机质，提高肥料养分利用率，减少化肥施用量，改善土壤结构，逐步恢复土壤地力；新农药品种选择及病虫害防治技术上要求安全高效简便低毒低残留绿色环保；生产管理机械要做到能适应不同规模田块、不同土壤结构、不同耕作方式，兼容性和通用性较强；农机农艺融合技术体系实现轻简高效全程机械化。

6. 主要用途

大麦的用途主要是饲草饲料加工、麦芽啤酒加工、食品加工、医药产品加工、酒类及饮料类产品加工，还有造纸、印染、化工、能源等工业用途。大理州大麦主要用作牲畜优质饲草饲料，优质大麦白酒原料和优质啤酒原料。

（1）优质饲草饲料加工。大麦是优质饲草饲料作物，大麦全株都具有较高的饲用价值，其营养丰富，喂饲品质好，是大理州传统优势产业畜牧业持续发展的优质饲料来源。大麦作为精饲料，其饲料价值仅次于优质饲料作物玉米，大麦籽粒与“饲料之王”玉米相比，除热能略低外，蛋白质含量则大大超过，可消化的蛋白质和赖氨酸等含量较高，其籽粒中粗蛋白含量11%～14%，远高于玉米，其氨基酸组成齐全，赖氨酸、色氨酸等10种氨基酸含量普遍高于玉米，而矿物质和维生素含量也远比玉米丰富。大麦籽粒的可消化蛋白质也比玉米高，其饲用价值还表现在喂饲效果上，可使脂肪变白变硬，如用皮大麦喂猪，可获得脂肪白、硬度大、瘦肉多、肉质好等效果。大麦籽粒含牲畜生长发育必需的烟酸是玉米的2～3倍，硒的含量高于玉米3倍以上，氨基酸含量是玉米的1.7倍，特别是赖氨酸含量高达0.42%，明显高于玉米（0.25%～0.32%）、小麦（0.30%～0.35%）和水稻（0.25%～0.30%）等作物，矿物质含量也十分丰富，猪的可消化率大麦是小麦的1.92倍，是稻谷的1.3倍。在猪的育肥后期饲料中添加大麦代替玉米，可提高瘦肉率。大麦不仅是生产高档牛肉最好的能量饲料，饲料中添加大麦可以育肥肉牛，使其胴体脂肪硬挺、品质佳。大麦还可以作为青贮饲料，大麦在孕穗期到抽穗期收割青贮，青贮柔嫩多汁、营养丰富，在灌浆期收割青贮，则可以作为奶牛或肉牛养殖的上等青贮饲料，同时可有效缓解冬季青饲料不足的问题。大麦还可以调制成干草，大麦干草具有较高的蛋白质和较低的粗纤维，牲畜适口性好，采食率高，能够在冬春季提供优质的饲草。

（2）优质大麦白酒加工。大麦是酿造优质大麦白酒的关键原料，大理州生产的大麦籽粒饱满，千粒重高，成熟度好，色泽鲜亮，用以加工酿造的小曲清香型地产大麦白酒，享誉省内，市场前景一直看好，尤其是大麦青酿酒，酒体酒味酒感别具一格，深受消费者喜爱，产品畅销。大理州酿造加工大麦白酒的历史源远流长，以大麦作为唯一原料的“鹤庆乾酒”是中国地理标志产品，曾获得中国驰名商标称号，其渊源可追溯至初创时期的明朝嘉靖年间，大麦皮质中所含的微量单宁成分，经蒸煮和发酵后，其衍生物为香兰酸等酚元化合物，能赋予乾酒特殊的芳香。鹤庆乾酒有限公司鹤庆酒厂通过技改扩建，将达到年产乾酒和大麦酒1.0万～2.5万吨生产能力，州内其他大小酒厂与生产作坊大麦酒（青酿酒）年生产能力在1.0万～1.5万吨，目前约需大麦原料3万～6万吨。

(3) 优质麦芽啤酒酿造加工。大麦富含淀粉、糖类、氨基酸和淀粉酶，是酿制麦芽啤酒的主要原料。大理州作为啤酒大麦优势产区，以品种创新研发及配套技术集成建立的优质啤酒大麦原料基地，曾为大理州及云南省内先期建设并不断扩能的“大啤集团”、大理金穗麦芽有限公司和澜沧江啤酒集团等当地民族企业品牌提供了充足的优质大麦原料，同时也为外资企业嘉士伯（中国）啤酒工贸有限公司在大理投资扩建100万吨啤酒生产能力建立了“第一生产车间”。

(4) 营养保健食品和医药产品加工。大麦适宜保健食品和医药产品加工。大麦加工的大麦苗粉、大麦叶绿素等食品营养丰富，具有高纤维、高抗氧化成分，低胆固醇、低脂肪等特性，大麦具有的一些独特的功效成分如β-葡聚糖、母育酚、蛋白活性肽、γ-氨基丁酸、黄酮多酚类物质等对促进人体健康具有积极的作用。大麦还可以加工成大麦茶、大麦麦片等大众营养保健食品。

二、大理州田大麦栽培技术

根据大麦生长发育特性及其对环境条件的要求，结合大理州生态特点、耕作制度和产业发展实际，采取相适宜的优质高效绿色轻简栽培技术措施，在注重产量的同时，兼顾与啤麦专用品质、饲草饲料专用品质、优质大麦白酒酿造专用品质等相关的关键技术的应用推广，达到环境友好，资源节约，生产生态协调，增产增效并重，实现绿色发展，自然资源永续利用。

1. 构建高产群体动态和产量结构指标

(1) 产量目标：灌溉大麦亩产300～500千克。

（2）产量群体指标构建。

① 大麦群体动态指标。二棱大麦品种在中高等肥力地适期播种情况下亩基本苗12万～15万苗，中等肥力地或水浇地亩基本苗15万～18万苗，土壤瘠薄，水肥条件较差或晚播田块，亩基本苗18万～20万苗，最高茎蘖数60万～100万株。

多棱大麦品种在中高等肥力地适期播种情况下亩基本苗14万～16万苗，中等肥力地或水浇地亩基本苗16万～18万苗，土壤瘠薄，水肥条件较差或晚播田块，亩基本苗在18万～20万苗，最高茎蘖数40万～70万苗。

② 产量结构指标。二棱大麦品种亩穗数40万～70万穗，每穗实粒数18～30粒，千粒重35～50克；多棱大麦品种亩穗数25万～40万穗，每穗实粒数35～50粒，千粒重30～45克。

2. 品种选择

选用适宜该生态区域种植的通过云南省或国家非主要农作物品种登记（鉴定）的大麦品种，种子质量符合国家标准规定。目前适宜该区域种植的二棱大麦品种主要有：凤大麦6号、凤大麦7号、凤大麦9号、凤大麦10号、云大麦2号、云啤18、S500、S-4；多棱大麦品种主要有：凤0339、V43、保大麦8号、云大麦1号、云饲麦11号。

3. 种子处理

播前晒种1～2天；种子处理可用15%的三唑酮或50%的多菌灵可湿性粉剂以种子重量的千分之三湿拌种子，种湿即可，不宜多水，堆捂3～4小时，晾干即可播种。

4. 麦田整地

种植大麦的高产田块要求土壤疏松深厚，理化性状良好，水肥气热协调。大麦根系发育较小麦弱，耐湿性较差，应选择排灌性好、高抗的田地种植，渍田不适宜种植大麦。

（1）去茬除草。前茬为水稻的田块，水稻黄熟后及时开沟排水，收获后及时晾晒，去除田埂上的杂草。前茬为玉米、烤烟等作物的田块，待前作完全采摘收获后，清除清理好玉米秆、烟秆，去除田间和田埂上的杂草。

（2）合理耕作。玉米、烤烟田和土壤黏重砂性差的水稻田掌握宜耕期及时进行耕翻或旋耕浅旋耕碎土，尽量深松土壤，耕深在20～30厘米，增强土壤蓄水保肥能力，促进大麦根系发育，土壤水分过重时不宜耕翻，造成碎垡整地难度加大，破坏了土壤良好生态环境，导致僵土僵根僵苗。土壤疏松砂性好的水稻田采用免耕种植，前作水稻收获时做到齐泥割稻，降低稻桩高度，在带茬田上人工开墒条播或撒播，切忌烂耕烂种。结合深耕或旋耕，亩施腐熟农家肥1 000～2 000千克，免耕种植的大麦田腐熟农家肥可作盖种肥施用。

5. 播种

(1) 精量半精量播种。啤饲大麦品种合理的基本苗数和适宜的群体，有利于提高个体生产力和分蘖成穗率，以提高千粒重等品质指标。

中等肥力田（地）适期播种的大麦，二棱大麦品种一般为亩基本苗12万～15万苗，亩播种量7～10千克，多棱大麦品种亩基本苗15万～18万苗，播种量8～10千克，肥力较好的田（地）酌情调减播种量；土壤瘠薄，水肥条件较差或晚播田块，适当增加播种量，一般为9～12千克，亩基本苗不宜超过20万苗。

播种量采取“以田定产，以产定穗，以穗定苗，以苗定子”的方法确定。根据大田的生产水平，确定亩基本苗数，再依据种子千粒重、发芽率和出苗率、种子净度等因素来计算：

$$\text{亩播种量(千克)} = \frac{\text{亩计划基本苗} \times \text{千粒重}}{\text{发芽率(\%)} \times 1\,000 \times \text{出苗率} \times 1\,000}$$

(2) 适期播种。大麦对光温反应弱，播种期的范围较小麦宽。但过早播种，大麦生育期短，拔节孕穗早，易遭受低温霜冻危害；过迟播种，单株成穗率低，有效穗少，千粒重低，产量下降。适期播种则苗齐、苗壮、分蘖多，有效穗多，穗大粒多，籽粒饱满，千粒重高，籽粒灌浆期温度低，灌浆时间长，可获得淀粉含量高，千粒重高的优质大麦籽粒饱满并夺得高产，同时收获的大麦秸秆产量高质量好。

根据大麦生长发育特性和大理州光温雨热等气候资源特点，田大麦以11月上中旬播种为宜，以11月5—15日最佳，播后一般7～9天出苗。

(3) 播种方式及要求。前作为玉米、烤烟田地采用深耕碎土耕作或旋耕浅旋耕轻简栽培，2.0～2.33米开墒，1.67～2.0米墒面，散播或条播，条播采用宽幅播种，播6～7行，行距25～27厘米。前作为水稻的田块实施旋耕浅旋耕或免耕轻简栽培，条播或撒播。播量要精确，播深3～5厘米，播后覆土均匀，落籽均匀，深浅一致。墒向南北向，以利于通风透光，提高光合效能。

6. 科学施肥

大麦生育期短，出叶分蘖快，幼穗分化早，出苗发根力强，吸肥迅速，从出苗至分蘖吸收氮、钾约占总吸收量的50%，磷占35%，至抽穗已吸足全量的2/3以上。因此，促进大麦壮苗早发是增产关键。

优质啤饲大麦肥料运筹坚持“前促、中稳、后补”的原则，即施足基种肥，促苗早发，以壮苗促蘖攻穗数，施好分蘖肥，促分蘖早生快发，以蘖增穗，攻适宜穗数，稳定穗粒数，后期看苗补肥，养根、护叶、防早衰、提高千粒重。针对大麦专用品质需求特性，调控好施肥的种类、用量、施肥时期及施肥方法，做到测土施肥、平衡施肥、配方施肥。

（1）基肥与追肥。试验研究结果显示，氮肥施用量的多少及后期施肥比例大小是决定啤酒大麦籽粒蛋白质含量高低的决定因素，而蛋白质含量的高低直接影响着麦芽诸多品质性状。在中上等肥力地，优质专用啤酒大麦亩产400千克以上为优质啤麦产量水平，以亩施尿素25～35千克为佳，以利于稳定蛋白质含量和提高千粒重，并使麦芽品质性状处于最佳状态，促进优质高产，普钙用量为20～30千克，硫酸钾5～10千克。基追肥比例，磷钾肥作基肥一次性施用，氮肥基肥占60%，分蘖肥占40%。饲草饲料专用大麦品种中后期可根据苗情补施5～10千克尿素作拔节孕穗肥，以提高饲草与籽粒的蛋白质含量和千粒重。酿造白酒专用大麦要求籽粒饱满、有较高千粒重，淀粉含量高，粗蛋白适中或偏低，因此，其氮磷钾肥料施肥用量和施肥时期与啤酒专用大麦相当，不提倡施用拔节孕穗肥。

分蘖肥在大麦二叶一心时结合灌水施用，对长势差、苗势弱的麦田或生长较弱的迟播苗，可在1.5～2.0叶期提早追施分蘖肥，旺苗不施或推后施，拔节肥在6.0～7.0叶期施用，孕穗肥在挑旗叶时施用。稻茬免耕大麦绿色轻简栽培模式不追施分蘖肥，氮肥基肥占80%，拔节或孕穗肥占20%。

（2）叶面喷肥。大麦开花灌浆期间，叶面喷施磷、钾或氮肥，对促进碳素代谢，延长叶片功能期，促进灌浆，提高粒重具有良好的效果。特别是后期缺氮的麦田，用氮肥或氮磷配合喷施叶面，可显著提高粒重。喷施时期选择在开花至灌浆初期，需要喷施二次的可在挑旗叶时第一次喷施。喷施溶液浓度：磷酸二氢钾0.2%，尿素、普钙为1%～2%。

7. 需水特性与灌溉

大麦能适应干旱或干而热的气候，需水规律表现为出苗至拔节渐增，从拔节到抽穗随着各器官的快速生长，到孕穗期干物质积累达到最高峰，需水量也最多，抽穗到灌浆成熟又逐渐变小。因此，应根据大麦不同阶段的需水规律，结合当地气候、土壤墒情，及时灌好出苗、拔节、孕穗抽穗、灌浆水，做到以水调肥。

大麦播种后墒情差，土壤水分不足，不能满足种子出苗的田（地）需及时灌一次出苗水，确保出苗整齐。灌分蘖水要求轻灌漫灌，可结合追施分蘖肥采取过沟“跑马水”方式灌水，漫墒即行撤水。大麦拔节期营养生长和生殖生长并进，又恰遇冬春干旱，降水稀少，拔节水需灌饱灌透。大麦灌浆期植株重心渐次上移，灌水宜选择无风晴天，灌饱灌透后迅速排水，注意防止发生倒伏，尤其是中高秆品种。

8. 病虫草害防治及田间管理技术

(1) 适时除草。齐苗后查苗补缺，疏密补稀，幼苗 1.5～2.5 叶期亩用 250 克绿麦隆或 10%麦草一次净 8～10 克等药剂进行化学除草。

(2) 清沟理墒，排水防渍。大麦耐湿性差，在开好四周沟和腰沟的基础上，对地下水位高的田块要及时清沟理墒，排水防渍。

(3) 鼠害防治。大麦全生育期均有鼠害发生，在拔节孕穗灌浆时鼠害发生明显，可采用毒饵站技术进行防治，或投放毒饵诱杀。

(4) 病虫害防治。大理州大麦白粉病、网斑病、条纹病、锈病为该区域常发病害，云纹病、叶斑病等属于偶发性病害，虫害主要是蚜虫。大麦生育期间受病虫为害影响，会造成大麦籽粒秕瘦，影响产量和品质。大麦病虫害防治坚持“预防为主，综合防治”的方针，坚持实施绿色防控原则。在选育和推广应用抗病、耐病品种的基础上，优先采用农业防治、物理防治、生物防治，配合科学合理地使用低风险农药进行化学防治，达到安全性、可操作性、农药替代性、经济有效性、可持续性控害的目标。

① 锈病防治。大麦锈病主要来自当地适存菌源或外来夏孢子和秋冬季病菌，菌丝体在－5℃时尚能越冬。夏孢子萌发适宜温度 5～15℃，超过 15℃易丧失生活力。气温 10～15℃，时晴时雨或有露水存在，易发病。偏施氮肥可提高品种的感病性。大麦植株感染锈病后，叶绿素被破坏，光合作用面积减少，造成营养被剥夺和水分过度丧失。锈菌孢子堆突破麦叶表皮，不仅使蒸腾量大大增加，而且还要额外损耗全株的营养和水分，造成灌浆不良，籽粒空瘪。防治方法：种植抗病品种。加强栽培管理，在最佳时间 11 月上中旬播种可明显减轻麦苗病情。灌水：抽穗前如多雨低温，容易导致锈病流行，应注意控制灌水。合理施肥：不宜偏施和晚施氮肥，应多施磷、钾肥。药剂防治：种子处理用种子量千分之三的 15%三唑酮（粉锈宁）可湿性粉剂拌种；采用药剂喷施，在麦苗发病初期或早春开始出现夏孢子堆时，用粉锈宁、粉锈清、特谱唑等内吸农药喷施发病中心，锈病病叶率达 5%时，亩用 40%粉锈清 150 毫

升或15%三唑酮100克喷施，根据田间病害动态，隔10～15天，连防2～4次。

② 白粉病防治。白粉病发生适温为15～20℃，低于10℃发病缓慢。相对湿度大于70%有可能造成病害流行。施氮过多，造成植株贪青、发病重。此外密度大发病重。该病可侵害大麦植株地上部分器官，但以叶片和叶鞘为主，发病重时颖壳和芒也可侵害。防治方法：种植抗病品种。施用腐熟有机肥，采用配方施肥技术，适当增施磷钾肥，根据品种特性和地力合理密植，雨后及时排水。药剂防治：用种子重量千分之三的15%三唑酮（粉锈宁）可湿性粉剂拌种，在病叶率达10%以上时，亩用40%粉锈清150毫升或40%福星乳油8 000倍液喷施，根据田间病害动态，隔10～15天，连防2～4次。

③ 大麦条纹病。各大麦栽培区均有发生。大麦地上部均可受害，主要危害叶片和叶鞘。幼苗染病，1、2片幼叶即可发病，但4～5片叶以后发生较多。初生浅黄色斑点或短小的条纹，后随叶片生长，病斑逐渐扩展。分蘖期形成与叶脉平行的细长条纹，病斑由黄色变为褐色。至拔节抽穗期，多数病斑中部草黄色，边缘褐色；湿度大的长出黑色霉层；即病原菌分生孢子梗和分生孢子。病株提前枯死或矮小，不能抽穗或弯曲畸形，不能结实或不饱满。传播途径和发病条件：病菌以休眠菌丝潜伏在种子里越冬，一般可存活5年。播种后随种子发芽休眠菌丝开始长出芽管侵入幼芽，后随植株生长进入幼叶，后达到穗部造成剑叶破坏包裹穗部，致不能抽穗或畸形。播种时地温低、湿度高，利于病菌侵染。春大麦早播或冬大麦晚播，生长前期气温低，湿度大发病重。防治方法：a. 建立大麦无病留种田，繁育无病种子。播种前精选种子，选择籽粒饱满、生活力强，发芽率高的种子，播种后迅速出苗，减少病菌侵染机会。b. 播前晒种1～2天，可提高发芽势和发芽率，早出苗。c. 种子处理：一是用25%的粉锈宁按种子重量0.15%（有效成分）拌种防效优异，此外也可用2%戊唑醇拌种剂10克拌麦种10千克。二是用1%石灰水浸种48小时，对大麦条纹病防效较好，且对大麦种子发芽和出苗有促进作用。也可用5%硫酸亚铁溶液浸种6小时，晾干后播种。三是提倡用浸种灵乳油2毫升药液，兑水800毫升，喷在10～11千克大麦种子上，再充分翻拌均匀后闷种6～8小时后播种。也可用2毫升浸种灵乳油兑水16～20千克浸10～13千克大麦种子12～24小时。d. 适期播种。大麦条纹病发生轻重与秋播时温度关系密切。土温5～10℃适期发病，温度高可减轻发病，因此强调适期播种，不宜过迟。e. 适当浅播，加快麦苗出土，可减少发病。f. 抽穗前后喷洒37%多菌灵草酸盐可

溶性粉剂500倍液，或50%氯溴异氰尿酸（消菌灵）水溶性粉剂1 000～1 500倍液。

④ 大麦网斑病。症状：主要侵害叶片和叶鞘，较少侵染茎。幼苗发病，病斑多在距叶尖1～2厘米处。成株发病多从基叶开始，叶尖变黄，然后其上生轮廓界限不明的褐斑，内有纵横交织的网状细线，病斑较多时，连成条纹状斑，上生少量孢子。颖片受害产生无网纹的褐斑。传播途径和发病条件：潜伏于种皮内的菌丝体和附在种子表面的孢子是主要初侵染源，病残体上的子囊孢子也可侵染。种子带菌引致幼苗发病，病部产生孢子借风、雨传播进行再侵染，花部受害使种子带菌，成熟时在麦壳等病残体上形成子囊壳。病菌可存活7年。孢子萌发适温20～25℃。相对湿度100%发病迅速。低温和寡照、高湿有利于病害发生。冬大麦播种较晚发病重。防治方法：种植抗病品种。适时早播，避免连作，地下水位高的要做好开沟排湿工作。药剂防治：提倡用二硫氰基甲烷（浸种灵），兑水20千克，搅匀后浸大麦种子10千克，浸24小时后播种，防治大麦网斑病和坚黑穗病、大麦条纹病。浸种灵易光解，浸种要在室内进行或采取避光措施。其他种子处理方法可参见大麦条纹病。在发病初期喷洒50%多菌灵可湿性粉剂800倍液或60%防霉宝超微可湿性粉剂1 000～1 500倍液、70%代森锰锌可湿性粉剂500倍液。

⑤ 蚜虫防治。麦蚜一年可发生10～20代。每年春季随气温的回升，麦蚜开始大量繁殖为害。返青至乳熟初期，麦蚜种群数量最大，占田间总蚜量95%以上。麦蚜在大麦的茎、叶及嫩穗上刺吸危害，吸取汁液，叶片出现黄斑或全部枯死，引起茎、叶、嫩穗失落。中后期危害影响抽穗、灌浆、成熟，降低千粒重、产量和品质。防治方法：常用药剂有：氟啶虫胺腈、抗蚜威、吡虫啉、高效氯氟氰菊酯、灭幼脲、大功臣等。当百株蚜量达500头时，亩可用50%抗蚜威可湿性粉剂10～15克，或10%吡虫啉可湿性粉剂20克兑水60千克均匀喷雾，隔10～15天，连防2～4次。

9. 收获与贮藏

掌握大麦最佳收获期，有利于提高大麦质量和酿造品质。大麦在蜡熟末期至完熟期收获，籽粒外观品质好，色泽鲜亮，有清香味，蛋白质含量稍低，酿造品质佳。完熟后期至枯熟期收获，籽粒干重略有下降，蛋白质含量上升，对酿造品质和产量不利。人工收获应在蜡熟末期（即75%以上植株茎叶变成黄色，籽粒具有本品种正常大小和色泽），机械收获时应在完熟期（即所有植株茎叶变黄）进行。

单收籽粒用作精饲料、啤酒麦芽加工、大麦白酒酿造或作良种等用途的大麦品种要做到单收单打，收后尽快脱粒晾晒，避免受潮、霉变和粒色加深，确保产品质量，提高商品率、发芽率和酿造品质，当籽粒含水量低于13%以下时，入库存放贮藏，妥善保管。

籽粒秸秆全株收获作饲料综合利用的大麦，收割后在田间自然晾晒至秸秆水分低于15%以下时，用轻便高效易操作的多功能饲草粉碎机将全株粉碎装袋用作猪牛羊等混合饲料。饲草专用大麦作青饲青储或干饲干储在大麦抽穗后5～7天收获，此时饲草生物产量较高，营养丰富，蛋白质含量高。

三、大理州旱地大麦栽培技术

旱地大麦广泛分布于大理州山区、半山区的核桃林地，以及秋季作物种植烤烟、玉米的旱地。10月上中旬抢墒播种，翌年1—2月抽穗扬花，3—4月成熟收获。旱地大麦全生育期处于低温霜冻干旱的逆境生态条件下，其栽培技术重点是在选用抗旱耐寒品种的同时，配套抗旱减灾技术，实现增产稳产。

1. 品种选择

选用适宜该生态区域，通过云南省或国家非主要农作物品种登记（鉴定）推广种植的抗旱耐寒性强、耐瘠、广适高产优质抗病的二棱或多棱品种，目前种植的主要品种有：V43、S-4、凤大麦6号、凤大麦7号、凤0339、云大麦2号、保大麦8号。

2. 种子处理

播前晒种1～2天；种子处理可用15%的三唑酮或50%的多菌灵可湿性粉剂以种子重量的千分之三湿拌种子，种湿即可，种干即播，可有效防治大麦条纹病、网斑病、黑穗病等；用50%辛硫磷50克拌麦种20千克，可防治蛴螬、蝼蛄等地下害虫。

3. 整地

（1）整地要求。核桃林下作物及玉米、烤烟等大春前茬作物收获后，及时耕翻，早耕、深耕、灭茬，除尽杂草；增施有机肥，深耕或旋耕，不漏耕漏耙，土壤上松下实，耙深耙细，纳雨抗旱蓄水保墒。

（2）增施有机肥。耕翻前亩撒施腐熟农家肥1 500～2 000千克随耕作底肥施用，耙匀于耕层中。

（3）土壤处理。旱地大麦播种时节，秋末温度较高，地下害虫活动较猖獗，亩用40%辛硫磷乳油或40%甲基异柳磷乳油0.3千克，兑水1～2千克，拌细土25千克制成毒土，耕地前均匀撒施于旱地，随耕翻入土中。

4. 播种

（1）抢墒播种。旱地大麦播种时期掌握在10月上中旬土壤水分充足墒情好的有利条件下抢墒播种，弱春性品种宜早，春性品种稍迟，在适期内争取早播，这样既避免早霜危害，又不致后期高温逼熟，实现稳产高产。播种方法可采用人工撒播理墒起土或浅锄盖种，在平坡地或缓坡可采用浅旋盖种。

（2）播种量。合理密植是旱地大麦增产的重要途径，播量直接影响大麦群体的生长和产量。旱地大麦生育前期温度较高，生长发育快，分蘖少，中后期干旱成穗低，因此基本苗起点要高，争取一次全苗，保证足够的基本苗数，依靠主茎成穗获高产。春性品种或分蘖一般的品种较分蘖力强、成穗率高的弱春性品种播种量要高一些，二棱大麦品种亩播种量12～15千克，保证亩基本苗20万～22万苗，多棱大麦品种亩播种量12～15千克，保证亩基本苗22万～25万苗。土壤墒情较差、播期推迟，或整地质量差、土壤肥力低的旱地，应适当增加播种量。播前可依据种子千粒重、发芽率和出苗率测算播种量。

（3）重施基种肥。旱地大麦种植于山区半山区旱地，是典型的雨养作物，生育期间缺乏灌溉条件，大麦生长发育需肥关键时段难以实施追肥，增施有机肥重施基种肥是保证大麦需肥的关键。除施足基肥外，施用种肥尤为关键，是夺取旱地大麦高产的关键措施，由于多数山区土壤氮、磷养分失调，氮、磷和腐熟农家肥配施增产效果显著。亩施尿素15～20千克，普钙20～30千克，硫酸钾5～8千克作种肥。前作烤烟的旱地大麦，可不施钾肥，并减少氮磷化肥施用量。

5. 旱地大麦管理技术

（1）化学除草和中耕除草。大麦2～3叶期，杂草1～2叶期时，可用25%绿麦隆250克兑水喷雾或6.9%的骠马50克兑水50～60千克喷雾防除禾本科阔叶杂草。晴天中耕除草时尽量不要松土，减少水分蒸发；掌握降水的有利时机，及时深松土壤，蓄水保墒，促根、促大蘖生长成穗。

（2）抢降水天追肥。大麦出苗后，根据旱地麦苗长势和降水情况，在分蘖、拔节或孕穗期间，降水来临前或降水刚结束时趁雨追施10千克/亩左右尿素，促蘖成穗，并可显著提高穗粒数和千粒重。

（3）叶面喷肥。大麦开花灌浆期间，叶面喷施磷钾肥或氮肥，对促进碳素代谢，延长叶片功能期，增强抗旱耐寒能力，促进灌浆，提高粒重具有良好的效果。特别是后期缺氮的旱地大麦，用氮肥或氮磷配合喷施叶面，可显著提高粒重。喷施时期选择在开花至灌浆初期，需要喷施二次的可在挑旗叶时第一次喷施。喷施溶液浓度：磷酸二氢钾0.2%，尿素、普钙为1%～2%。

（4）防治病虫鼠害。

① 锈病和白粉病防治。在选用抗病品种和进行种子处理基础上，在麦苗发病初期开始出现夏孢子堆时，用三唑酮、粉锈清等内吸农药喷施发病中心，锈病和白粉病病叶率达5%～10%时，亩用40%粉锈清150毫升或15%三唑酮100克喷施，或40%福星乳油8 000倍液喷施，根据田间病害动态，隔10～15天，连防2～3次。

② 蚜虫防治。常用药剂有：氟啶虫胺腈、抗蚜威、吡虫啉、高效氯氟氰菊酯、灭幼脲、大功臣等。视大麦抽穗前后蚜虫发生情况，亩可用50%抗蚜威可湿性粉剂10～15克，或10%吡虫啉可湿性粉剂20克兑水50千克均匀喷雾，隔10～15天，连防2～3次。

③ 鼠害防治。冬春季旱地大麦易发生鼠害，可采用毒饵站技术进行防治，或在抽穗期、灌浆期、成熟期，选择投放毒饵诱杀防治1～3次。

6. 收获与贮藏

掌握大麦最佳收获期采用人工收获或机械收获，以提高大麦的产品质量和酿造品质。用于酿造优质大麦白酒的大麦选择在蜡熟末期至完熟期收获，籽粒外观品质好，色泽鲜亮，有清香味，蛋白质含量稍低，酿造品质佳。籽粒和干饲草兼用的饲用大麦，在完熟后期收获，兼顾大麦产量和籽粒蛋白质含量。收后尽快脱粒晾晒，妥善存放保管。

第三节　楚雄大麦栽培技术

一、气候特点

楚雄州立体性气候较强，干湿季分明，雨热同季，气温日较差大、年较差小，全州10县（市）年平均气温14.8～21.5℃，最冷月（1月或12月）平均气温7.1～13.8℃，最热月（6月）平均气温19.4～26.4℃，年平均无霜期231～354天，≥10℃的积温约3 400～8 000℃，年平均日照时数约2 200～2 700小时，年平均降水量658.7～960.1毫米，其中雨季5—10月降水量占年平均降水量的89%，雨季平均在5月下旬末至6月上旬初开始，结束期平均在10月中下旬。

全州多年平均气温16.3℃，其中以元谋县最高，达21.5℃，以南华县最低为14.8℃；极端最高气温出现在元谋县，为42.3℃，极端最低气温出现在南华、姚安两个县，均为－8.4℃；6月是全州平均气温最高的月份，全州月气温平均值为21.7℃，1月和12月是平均气温最低的月份，其中牟定、姚安、武定、禄丰4个县最低气温出现在1月份，其他各县出现在12月份，以权重大小计算，楚雄州平均以12月份为平均气温最低月份（最冷月），月平均气温值为8.9℃。全州经历2009年至2013年极端干旱气候影响之后，2013年、2015年、2017年冬季全州各地出现了不同程度的低温霜冻天气及干旱，这也就成为楚雄州大麦生产的主要农业气象灾害。

二、农业及大麦生产情况

由于受历史和其他原因制约，楚雄州农业基础弱，农林业结构单一，全州耕地总面积549.8万亩中还有200多万亩耕地缺乏有效灌溉条件，高产稳产农田仅占耕地面积的23.89%，低于全省平均水平。农业发展科学性相对滞后；粮食作物和烤烟种植面积占主导，其他经济作物种植业发展速度较缓慢；特色经济作物生产及其基础科学研究滞后，经济作物生产的规模化、产业化程度不高。导致农业经济水平相对落后，振兴乡村经济、农民脱贫致富奔小康面临困难诸多。楚雄州属于气象灾害频发的地区之一，干旱、低温、暴雨洪涝、大风、冰雹等气象灾害及衍生的农业灾害，对楚雄州农业生产都会造成不同程度影响，而农业气象灾害防御、风险分析、政策性保险制定等方面都是发展高原特色农业亟须解决的问题；农业是对气候变化最敏感和最脆弱的领域。随着极端天气气候事件增多，楚雄州农业生产面临的自然风险加大，农业气象灾害、农作物病虫害呈现增多、并发和加重的趋势。

楚雄州大麦主要以饲料大麦为主，其用途主要是发展畜牧业、籽粒发酵酿制白酒。20世纪90年代以后，随着农业产业结构的调整及农业生产专用化发展，啤酒大麦开始在州内种植，生产以为州内啤酒企业提供原材料为主。由于大麦早熟的特点，在解决茬口矛盾、调整种植结构方面发挥着重要作用，自2009年以来随着小麦种植面积的下降，大麦种植面积不断增加，最高2015年达到38万亩，近年来，由于大麦种植效益下降，农村劳动力减少等原因，种植面积急剧下降。

因受云南的地理、气候、经济等因素的影响，绝大部分山区、半山区水利基础设施建设滞后或不能满足干季农业生产用水的基本需求，大麦生长期内基本无水利灌溉条件，主要在自然气候条件下生长。大麦全生育期间的降水量、气温、日照等气候因素影响较大，年度间产量变化也相对较大，“十二五”“十三五”大麦新品种的育成及推广应用，进一步促进大麦生产的发展，州内主要以 V43、保大麦 8 号、云大麦 1 号、云大麦 2 号、S-500、S-4 为主。

三、大麦栽培技术

1. 构建高产群体动态和产量结构的指标

六棱大麦：基本苗每亩 18 万～22 万苗，苗齐、苗匀，田间长势好，灌浆期长；有效分蘖每亩 30 万～40 万苗，籽粒饱满，亩产 300～350 千克。

二棱大麦：基本苗每亩 15 万～19 万苗，苗齐、苗匀，田间长势好，灌浆期长；有效分蘖每亩 40 万～50 万苗，籽粒饱满，亩产 300～350 千克。

2. 选用具有抗旱耐寒、稳产、广适性的大麦新品种

根据大麦主产区生态特征，选用适宜在楚雄类似地区种植，具有抗旱耐寒、稳产、广适性和耐瘠薄等特性兼顾的大麦品种。可选用大麦品种 V43 和 S-4。

3. 选择适宜播种期

楚雄州大麦一般 10 月中旬至 11 月上旬播种，4 月中上旬收获，全生育期时段恰好与云南季风气候的干季相对应，加之种植大麦多为山区、半山区，水利基础设施建设滞后或不能满足干季农业生产用水的基本需求，大麦生长期内基本无水利灌溉条件主要在自然气候条件下生长。干旱、低温冻害等灾害频发，造成出苗差，在出苗后又不能及时灌水施肥导致分蘖不足、成穗率降低等，是影响大麦高产的主要因素，而生育后期温度迅速上升，易受干热风影响，降低千粒重。因此，根据雨热同期，冬季干冷，春季回温快易早衰等特征，旱地大麦应抓住雨季尚未结束、土壤潮湿、墒情好的有利时机抢墒播种，大麦播期较宽，一般 9 月下旬至 11 月上旬均可播种，要根据前茬作物、海拔、小气候特征及品种本身特性适当早播或迟播。在适宜播种期内，每亩播种 8～10 千克，山地肥力差的田地适当增加播量。播种深度以 3～4 厘米为宜，在此深度范围内，要掌握“早播宜深，晚播宜浅；沙土地宜深，黏土地宜浅；墒情差宜浅，墒情好宜深”的原则。提倡机械播种，采用等行距机械条播，播种均匀，保证田间出苗整齐一致。

4. 播前准备

种子处理：对种子进行精选，去除病粒、秕粒、烂粒等不合格种子，并在播前晒种 1～2 天。

深耕蓄墒，精细整地：前茬作物收获后应及时清除烟秆和地膜等田间杂物，早耕、深耕，做到蓄水保墒。在播种前2～3天翻犁晒垡，耕层25～30厘米，播前一天耙细耙平，做到耕层上虚下实，土面细平，确保苗齐、苗匀。

5. 科学田间管理

合理施肥，改善土壤，提高水分利用率：持久地施用有机肥或农家肥，以便改良土壤增加蓄水保墒能力，根据地力基础和肥源情况，适当搭配氮磷钾肥。每亩施农家肥1～2吨，种肥亩施尿素10～15千克，普钙15～25千克，硫酸钾3千克。农家肥及人畜粪便应充分腐熟达到无害化标准再施用。农家肥和有机肥全作底肥深翻入土，无灌溉条件的旱地则采取“一手清”的一次集中施肥法，把所有肥料作底肥一次性施完。

根据田间苗情和墒情，要科学调控肥水。亩施尿素15～20千克作分蘖肥，灌水撒施，未能灌水的田地抢雨前或雨后撒施。有灌溉条件的田地根据大麦生长发育对水分的需求，灌好出苗水、分蘖水、拔节水、抽穗扬花水、灌浆水共3～5次。

6. 及时防治病虫草害

按照“预防为主，综合防治”的原则，实施“农业防治、物理防治、生物防治、化学防治”相结合，以化学防治为主。根据田间病虫草害发生的实际情况，选准对口药剂，适时适量防治。并注意合理混用、轮换交替使用不同作用机理或具有负交互抗性的药剂，克服和推迟病虫害抗药性的发生和发展。苗期主要防草，返青期至拔节期，要根据病虫害发生情况，以防治麦蚜为主，兼治锈病、白粉病。

防草：在大麦3～5叶，杂草2～3叶期，每亩用40克哈利（2甲·唑草酮）或15克苯磺隆防治阔叶杂草1次，每亩用40毫升大能（5%唑啉草酯·乙炔酯）或80毫升爱秀防治禾本科杂草1次。注意阔叶杂草和禾本科杂草要分开防治以防烧苗。

防虫：根据田间蚜虫发生情况适时进行化学防治，以防治麦蚜为主，每亩可选用20毫升22%特福力悬浮剂+70毫升乐斯本，兑水喷雾。苗期需时时关注麦蚜的虫口数，做到早防，中后期根据虫口数进行防治。

防病：每亩用12.5%三唑酮50克或50%多菌灵75克，兑水喷雾。

综合防治采用“一喷三防”技术：大麦抽穗扬花至灌浆期，锈病、白粉病、穗蚜混发，兼有干热风时，使用杀虫剂、杀菌剂、叶面肥等混配液通过叶面喷施以达到防病、防虫和防早衰一喷多防，节本增效，增产保产的目的。以防治蚜虫为主的地块，亩用2.5%高效氯氟氰菊酯乳油50毫升+10%吡虫啉可湿性粉剂20克+99%磷酸二氢钾晶100克兑水40千克喷雾防治；以防治白粉病、麦穗蚜为主的地块，每亩用12.5%烯唑醇可湿性粉剂40克+10%吡虫啉（或5%啶虫脒）可湿性粉剂50克（气温高时选用）+氨基酸叶面肥75毫升，兑水40千克喷雾；以防治锈病、白粉病，穗蚜为主的地块，亩用15%三唑酮可湿性粉剂60克+5%吡虫啉乳油20毫升+含氨基酸水溶肥25毫升兑水喷雾。大麦扬花期，喷药时要避开授粉时间，一般在上午10时以后进行喷洒。药剂要用计量器量取、药液要均匀，喷药后6小时内遇雨应补喷。

7. 收获

大麦在黄熟期就可收获，保证千粒重最高，籽粒饱满、品质最佳，丰产丰收。人工收割的适宜收获期为蜡熟末期，部分茎秆叶片保持浅黄绿色，为最佳收获期。完熟初期可使用机械收获。

第四节　昆明大麦栽培技术

一、大麦生态环境和生产概况

1. 农业气候资源

昆明地处中国西南地区、云贵高原中部，位于东经102°10′—103°40′，北纬24°23′—26°22′，海拔746～4 247.7米，总体地势北部高、南部低，由北向南呈阶梯状逐渐降低。昆明属北纬低纬度亚热带—高原山地季风气候，由于受印度洋西南暖湿气流的影响，日照长、霜期短，年均日照2 200小时左右，无霜期240天以上。气候温和，夏无酷暑，冬无严寒，四季如春，气候宜人，年降水量1 035毫米，具有典型的温带气候特点，昆明全年温差较小，年平均气温在15℃左右，最热时月平均气温19℃左右，最冷时月平均气温8℃左右。历史上年极端气温最高31.2℃，最低−7.8℃。

昆明气候的主要特点有以下几点：①春季温暖，干燥少雨，蒸发旺盛，日温变化大；②夏无酷暑，雨量集中，且多大雨、暴雨，降水量占全年的60%以上，故易受洪涝灾害；③秋季温凉，天高气爽，雨水减少。秋季降温快，天气干燥，多数地区气温要比春季低2℃左右。降水量比夏季减少一半多，但多于冬、春两季，故秋旱较少见；④冬无严寒，日照充足，天晴少雨；⑤干、湿季分明。全年降水量在时间分布上，明显地分为干、湿两季。5—10月为雨季，降水量占全年的85%左右；11月至次年4月为干季，降水量仅占全年的

15%左右。

2. 昆明市大麦生产概况

据统计，2020年昆明全市小春粮食作物栽种面积为141.47万亩，其中小麦38.04万亩，蚕豆22.51万亩，大麦33.87万亩，薯类16.26万亩，豌豆23.77万亩，杂粮7.02万亩，大麦占小春作物的23.94%，因此，大麦是昆明市的传统小春作物之一，其中寻甸县种植面积10万亩，禄劝县9.1万亩。大麦因较小麦生育期短，有利于解决茬口矛盾，加之市场前景广阔，同时畜牧业在不断发展，对饲料的消费也在不断增加，大麦作饲料营养价值高，特别是家畜生长需要的烟酸含量要比玉米高出两倍多，所含可消化蛋白比玉米高18.2%。昆明市大麦主要以饲料大麦为主，粮草兼用，其用途主要是发展畜牧业、籽粒发酵酿制白酒。种植品种主要以云大麦1号、云大麦2号、云大麦10号、云大麦14号、云饲麦10号、昆啤4号、昆啤3号、甘啤2号和V43为主。

3. 大麦生长的主要限制因子

（1）冬春干旱。昆明市大麦一般10月上旬至11月初播种，次年4月上中旬至5月中旬收获。大麦整个生育期间降水量只有150毫米左右，而1—3月正处于拔节—抽穗期间，降水量少，加上冬春季节蒸发量大，造成旱地大麦干旱特别严重，有些地区颗粒无收。

（2）冷害（冻害）。大麦冷害主要分为冬季低温冻害和早春的倒春寒。冬季低温冻害：大麦进入冬季后至越冬期间易受寒潮降温引起的冻害，或是播期较早，冬前气温偏高，麦苗徒长，抗冻力变弱，突遇较强低温、干旱及弱苗、旺苗田块容易造成冻害，使部分分蘖受冻或冻死；倒春寒：也叫春季冻害，一般发生在2—3月份，此时正处于大麦拔节期至抽穗期，抗寒性弱，有些生育期短播种早的地区大麦正处于开花期，遭受倒春寒后，影响授粉结实率低。

（3）病虫害。昆明市大麦病害主要有白粉病、条纹病。虫害有蚜虫等。针对这些病害应坚持“预防为主、综合防治”的防治原则，选用抗病品种，进行合理的轮作制度。采用“一喷三防”技术措施：在大麦扬花期至灌浆期，以防治两病两虫（白粉病、条纹病、蚜虫、红蜘蛛）为重点，兼治其他病虫，防早衰、增粒重。

二、大麦绿色高产高效栽培技术

1. 构建高产群体动态和产量结构的指标

六棱大麦：基本苗每亩18万～22万苗，苗齐、苗匀，田间长势好，灌浆期长，有效分蘖每亩30万～40万苗，籽粒饱满，亩产400～450千克。

二棱大麦：基本苗每亩12万～19万苗，苗齐、苗匀，田间长势好，灌浆期长，有效分蘖每亩40万～50万苗，籽粒饱满，亩产400～500千克。

2. 选用具有抗旱耐寒、稳产、广适性的大麦新品种

根据大麦主产区生态特征，选用适宜该生态区域种植的通过云南省或国家非主要农作物品种登记（鉴定）的大麦品种，种子质量符合国家标准规定，具有抗旱耐寒、稳产、广适性和耐瘠薄等特性兼顾的大麦品种。可选用大麦品种云大麦1号、云大麦2号、云大麦10号、云饲麦10号、昆啤4号、昆啤3号、甘啤2号和V43等。

3. 选择适宜播种期

昆明市大麦一般10月中旬至11月上旬播种，5月中上旬收获，在适宜播种期内，每亩播种10～12千克，山地肥力差的田地适当增加播量。播种深度以3～4厘米为宜，提倡机械播种，采用等行距机械条播，播种均匀，保证田间出苗整齐一致。

4. 播前准备

前茬作物收获后应及时清除烟秆和地膜等田间杂物，早耕、深耕，做到蓄水保墒；在播种前2～3天翻犁晒垡，耕层25～30厘米；播前1～2天晒种；种子处理可用15%的三唑酮或50%的多菌灵可湿性粉剂以种子重量的千分之三湿拌种子，种湿即可，不宜多水，堆捂3小时，晾干即可播种；播前一天耙细耙平，做到耕层上虚下实，土面细平，确保苗齐、苗匀。

5. 科学田间管理

合理施肥，改善土壤，根据地力基础和肥源情况，适当搭配氮磷钾肥。每亩施农家肥1～2吨，种肥亩施尿素10～15千克，普钙15～25千克，硫酸钾3千克。根据田间苗情和墒情，要科学调控肥水。亩施尿素15千克作分蘖肥，灌水撒施，未能灌水的田地抢雨前或雨后撒施。有灌溉条件的田地根据大麦生长发育对水分的需求，灌好出苗水、分蘖水、拔节水、抽穗扬花水、灌浆水共3～5次。

6. 及时防治病虫草害

按照“预防为主，综合防治”的原则，根据田间病虫草害发生的实际情况，选准对口药剂，适时适量防治。并注意合理混用、轮换交替使用不同作用机理或具有负交互抗性的药剂，克服和推迟病虫害抗药性的发生和发展。

综合防治采用“一喷三防”技术：大麦抽穗扬花至灌浆期，锈病、白粉病、穗蚜混发，兼有干热风时，使用杀虫剂、杀菌剂、叶面肥等混配液通过叶面喷施以达到防病、防虫和防早衰一喷多防，节本增效，增产保产的目的。以防治蚜虫为主的地块，亩用2.5%高效氯氟氰菊醋乳油50毫升+10%吡虫啉可湿性粉剂20克+99%磷酸二氢钾晶100克兑水40千克喷雾防治；以防治白粉病、麦穗蚜为主的地块，每亩用12.5%烯唑醇可湿性粉剂40克+10%吡虫啉（或5%啶虫脒）可湿性粉剂50克（气温高时选用）+氨基酸叶面肥75毫升，兑水40千克喷雾；以防治锈病、白粉病，穗蚜为主的地块，亩用15%三唑酮可湿性粉剂60克+5%吡虫啉乳油20毫升+含氨基酸水溶肥25毫升兑水喷雾。大麦扬花期，喷药时要避开授粉时间，一般在上午10时以后进行喷洒。药剂要用计量器量取、药液要均匀，喷药后6小时内遇雨应补喷。

7. 收获

人工收割的适宜收获期为蜡熟末期，部分茎秆叶片保持浅黄绿色，为最佳收获期。完熟初期可使用机械收获。

第五节　曲靖大麦栽培技术

一、大麦生态环境和生产概况

曲靖市位于云贵高原中部，云南省东部偏北的滇、黔、桂三省接合部，地处东经103°03′～104°50′，北纬24°19′～27°03′。东接贵州省六盘水市、兴义市和广西壮族自治区西林县，西与昆明市嵩明县、寻甸回族彝族自治县、东川区接界，南连文山壮族苗族自治州丘北县、红河哈尼族彝族自治州泸西县及昆明市石林彝族自治县、宜良县，北与昭通市巧家县、鲁甸县及贵州省威宁县毗邻。

曲靖市是云南农业大市，有“珠江源头第一城”之誉，辖麒麟区、沾益区、宣威市、马龙县、富源县、罗平县、师宗县、陆良县、会泽县9个县（市、区）和国家级曲靖经济技术开发区。曲靖市地处低纬高原，地势北高南低，西高东低，由西北向东南倾斜，最高海拔4 017.3米，最低海拔695米，光照充足，雨量充沛，全年平均气温14℃，无霜期200天以上，立体农业气候特征明显。土壤多为红壤、黄壤、紫色土、石灰土、冲积土，pH为5～7。同时具有较为丰富的水资源、种质资源，非常适合种植业的发展，农作物分布于海拔1 600～2 600米，主要农作物有粮食、油料、特色经济作物（烤烟、蔬菜、蚕桑、水果、魔芋、花卉、中药材），是云南省的粮食主产区，素有“滇东粮仓”之称。畜牧业发展势头强劲，生猪产量为全省之冠。

（一）农业气候资源

1. 光能资源

曲靖辖区光照充足，但时间分布不均。全市年日照数 1 917.4 小时，日平均 5.3 小时，属多日照的区域有陆良、曲靖、马龙、寻甸、会泽、宣威西部等；少日照的区域有富源、罗平、师宗。与国内相比较，低于西部干旱地区，高于东部同纬度地区。

一年中，曲靖春季日照时数占全年的 33%，夏季占 22%，秋季占 19%，冬季占 26%。从作物生长季节看，大春季节（5—10 月）占 44%，小春季节（11 月至翌年 4 月）占 56%。大麦生长季节（11 月至翌年 4 月）占 56%，光照对长日照的大麦生长发育十分有利。

太阳辐射年平均为 119 千卡/平方厘米。光能的季节分配是：春季占 33%，夏季占 27%，秋冬两季各占 20%；按农作物分配，大春季节占 51%，小春季节占 49%。近 40 年来，随着新品种的推广和耕作制度的改革，光能利用率有显著提高，据曲靖市气象局按几种主要农作物的产量推算，大麦的光能利用率由 20 世纪 50 年代的 0.18%提高到 0.24%。

2. 热量资源

曲靖南北纬距相差 2°44″，相对高差 3 300 余米，从而形成热量资源的立体分布和由此派生而来的立体农业。在全市范围内，年平均气温为 14℃。气温最低是 1 月份，平均为 6.1℃，冬春季的平均气温≤0℃的日期很短仅 0.3～15.5 天，大麦在 0℃以下停止生长的时间很短，极端最低温≤－5℃的次数极少，全市≥10℃活动积温平均为 4 178℃，无霜期 264 天，大麦整个冬春季节均能正常生长，由于春季（3—4 月）升温快，温差一般 4～5℃，气温日差较大，有利于大麦抽穗扬花和干物质积累。

3. 降水

曲靖地处季风气候区域，降水量充沛，年内降水分配不均，干湿季节分明。全区平均年降水 1 117.1 毫米，降水范围在 600～1 816 毫米。时间分布上，5—10 月平均降水 979.5 毫米，占全年总量的 88%，11 月至翌年 4 月平均降水 137.6 毫米，占全年雨量的 12%，80%保证率只有 71.8 毫米，不能满足大麦等小春作物对水分的需要，与光热条件不能协调配合，使小春作物的生长受到制约。

（二）大麦生长的限制因子

1. 冬春干旱

曲靖市中南部地区大麦一般10月上旬至11月初播种，次年4月上中旬收获，北部地区（会泽、宣威）11月上中旬播种，次年4月底或5月收获。大麦整个生育期间降水量只有137.6毫米，而1—3月正处于大麦拔节—抽穗期，降水量只有20～30毫米，加上冬春季节蒸发量大，占全市大麦总面积90%以上的旱地大麦干旱特别严重，有些地区颗粒无收。另外晚播迟收麦区进入收割季节又遇到雨季来临，大麦又遭雨淋霉坏。

2. 低温霜冻

曲靖市春季回春早，如遇到强冷空气侵袭又会形成强烈降温，3月下旬至4月上旬曲靖、陆良、罗平等坝区日均温小于10℃，持续3天以上，其他地区日均温小于8℃，持续3天以上的低温天气称为倒春寒。按此统计，3月下旬发生倒春寒的概率北部地区为30%，4月上旬为12%，曲靖、陆良坝子3月下旬发生倒春寒的概率为10%，此时正是大麦抽穗扬花阶段，往往因低温冻害造成不结实，出现倒春寒的同时伴有晚霜冻，致使作物组织中水分结冰而导致死亡。

3. 土壤肥力偏低

全市共有土壤类型14个，土种273个，其中红（黄）壤土占自然土的70%，占旱作土的57%，在长期的耕作过程中，翻耕次数频繁，有机质分解强烈，培肥地力不足，加之水土流失严重，土壤表层被冲刷的结果，有机质含量低，耕层有机质一般仅在1%左右。据化验，曲靖市14.9%的耕地缺氮，52%的耕地缺磷，7.8%的耕地缺钾，加上部分土壤理化性状不良，致使中低产田地占总耕地的比重高达80%以上。

4. 生产条件差

中华人民共和国成立以来，曲靖市历届党委和政府都十分重视兴修水利，改良土壤，建设高产稳定农田，但由于种种原因步伐缓慢，跟不上生产发展的需求，绝大部分生产田地灌溉基本条件无法满足，抵御自然灾害的能力还很低，限制着产量的提高，特别是旱地大麦在冬春干旱无水灌溉的情况下，只能广种薄收，产量低而不稳。

5. 耕作粗放

大范围大麦产区都存在着整地播种质量差，粗耕粗种，不施底肥，不注重栽培管理等情况，产量难以提高。

（三）大麦栽培制度

曲靖市大麦的栽培制度和省内滇中地区的栽培制度大体相同，头年秋季播种来年夏季收获，传统轮作方式有以下几种：

①南部县（罗平）坝区，大春水稻，小春大麦、小麦；山区，大春玉米或烤烟，小春主要是油菜。

②中部县麒麟、陆良、富源、师宗、马龙、沾益等县，水田：大春水稻，小春蚕豆；旱地：大春玉米、烤烟或马铃薯，小春大小麦、豌豆等。

③北部县（会泽、宣威），海拔 2 100 米左右的坝区水田面积不大，主要以旱地为主，大春玉米或马铃薯，小春小麦、大麦或豌豆；2 100 米以上的高寒冷凉山区都属于一熟有余、两熟不足，土地资源丰富的地方，大春以马铃薯、玉米或春荞为主，小春种植大麦、燕麦或小麦、绿肥等。

由于受地理环境和自然气候条件的影响，曲靖市海拔较高的地方，要扩大大麦的种植面积，无论是旱地或水田都受两个不可逾越的障碍制约，一个是夏粮和秋粮收种时间上的矛盾，由于时间节令错不开，一熟有余、两熟不足的光热资源难以利用，往往形成夏粮丰收，秋粮减产，或秋粮丰收，夏粮减产的后效应；另一个是夏秋两季收种时间挤在一起，带来劳动力紧张，顾此失彼，忙收夏粮，秋粮播种又被贻误，常常因为劳动力紧张而错过了最佳播种节令或造成粗放耕作的局面，为此在栽培制度上要做一些新的研究。为了寻求解决上述两个矛盾的有效途径，达到不“因小失大”两季都能增产的目的，20 世纪 80 年代以来，农业科技人员在全市范围内根据不同地域的水、温、土、肥条件，组织调查研究和进行试验示范，用取得的有关数据并结合群众经验总结出改革耕作制度、扩大复种面积、提高大麦产量的四条路子。其内容：一是在海拔稍低（1 500～1 900 米），水、温、土、肥条件较好的坝区，采取优用良种、推广高产栽培技术、扩大大麦种植面积夺取高产的路子；二是在海拔地势平缓，有灌溉条件，又只种一季水稻，一发田较多的地区，提倡种植绿肥开路，改良土壤，增施有机肥，改一发为两发，逐年在一发田上扩大麦类种植面积；三是在夏秋两季收种时间和茬口有明显矛盾的山区或半山区，走大力推广条带种植，走间套轮作的路子；四是在海拔较高，常年气温偏低，一年一熟的冷凉山区，通过改制，运用薯麦混种的播种方法，实现一年两熟，在大春马铃薯地中增种一季大麦，提高单位面积的复合产量，或者 4 月上旬大麦灌浆期间收获大麦全株晾干作为饲草使用。

（四）种植品种更换与性状演变

大麦作为重要的饲料和酿酒原料，在曲靖栽培年代久远，各县（市、区）普遍种植，1952—1960年，大麦品种以六棱大麦、裸大麦、乌大麦、短芒大麦、红芒大麦为主，生育期比小麦品种早熟15～20天。1983年开始，曲靖市农业科学院（原曲靖地区农业科学研究所）从江苏引入专酿啤酒大麦品种苏啤1号、泸麦6号、盐辐矮早三、浙啤1号、科吕2号、莫特44、韭琦10、特昆纳14923、15133等品种试种。2000—2010年，随着啤酒工业的发展，对原料的需求量增大，大麦播种面积增加，主推品种为港啤1号、澳选3号、V06等品种。2011年以来推广品种以V43、保大麦8号、云大麦1号、云大麦2号、云啤2号等省内自育品种为主，生产上主推栽培技术是抢墒早播、精量半精量播种、秸秆覆盖栽培、免耕保护性栽培、抗旱节水栽培、合理间套种等。

（五）生产水平

曲靖市整个种植业的历史资料是从1952年开始统计的，1952—1960年，大麦种植面积约25万亩，单产50～60千克；2000年以后，随着啤酒工业的发展，对原料的需求量增大，大麦播种面积增加，2000年达59.78万亩，总产7.91万吨；2005年播种面积57.30万亩，总产7.42万吨；2010年播种面积59.72万亩，总产8.14万吨。“十五”“十一五”期间亩产提高到130～140千克。2011年大麦播种面积62.62万亩，总产9.67万吨；2015年，大麦播种面积73.01万亩，总产量10.84万吨；2017年曲靖市大麦种植面积74.59万亩、总产11.56万吨，创历史最高纪录。由于产业结构调整需要，近年来大麦种植面积有所下滑，2020年播种面积47.90万亩，总产量7.70万吨。“十二五”“十三五”期间大麦平均亩产提高到160千克左右。

（六）曲靖大麦生产区域布局

“十三五”末曲靖市大麦种植50万亩，生产区域布局情况：麒麟区10万亩，重点乡（镇、街道）：东山镇、越州镇、茨营乡、寥廓、三宝镇；沾益区8万亩，重点乡（镇、街道）：西平镇、盘江镇、德泽乡、大坡乡、白水镇；师宗县8万亩，重点乡（镇、街道）：丹凤镇、雄壁镇、葵山镇、彩云镇、竹基乡、五龙乡、龙庆乡；陆良县2万亩，重点乡（镇、街道）：马街镇、活水乡、龙海乡、召夸镇、芳华镇；罗平县1万亩，重点乡（镇、街道）：阿岗镇、富乐镇、九龙镇、老厂乡；富源县2.5万亩，重点乡（镇、街道）：中安镇、富村镇、黄泥河；马龙县5万亩，重点乡（镇、街道）：王家庄镇、通泉镇、马鸣乡、旧县镇、大庄乡、月望乡、纳章乡；会泽县1.5万亩，重点乡（镇、街道）：纸厂乡、田坝乡、上村乡；宣威市12万亩，重点乡（镇、街道）：罗丰乡、杨柳乡、文兴乡、东山镇、海岱镇、双河乡、西泽乡。

9个县（市、区）通过新品种引育，开展麦类高产示范区建设，推广中低产田改造，综合配套栽培技术的推广应用来提高大麦单产水平和商品率，带动全市麦类产业发展。

二、曲靖市栽培技术

（一）构建高产群体动态和产量结构的指标

1. 二棱大麦

（1）产量水平指标。旱地产量300～400千克/亩；水田产量400～600千克/亩。

（2）群体动态及产量结构指标。每亩基本苗15万～18万苗，旱地最高分蘖数50万～60万苗，有效穗40万～50万穗，穗粒数20～25粒，千粒重40～45克，理论产量320～560千克；水田最高分蘖数60万～80万苗，产量每亩有效穗50万～60万穗，平均每穗粒数为20～25粒，千粒重为40～45克，理论产量400～675千克。

2. 六棱大麦

（1）产量水平指标。旱地产量300～400千克/亩；水田产量400～600千克/亩。

（2）群体动态及产量结构指标。每亩基本苗12万～15万苗，旱地最高分蘖数40万～50万苗，有效穗25万～30万穗，穗粒数40～50粒，千粒重40～45克，理论产量320～560千克；水田最高分蘖数50万～60万苗，产量每亩有效穗30万～40万穗，平均每穗粒数为40～50粒，千粒重为40～45克，理论产量400～675千克。

（3）品种选择。选择适应当地生态条件，生育期在160～170天左右，经审定推广的具有抗旱、耐寒的高产优质品种，主要有：V43、云大麦1号、保大麦8号、保大麦6号等六棱大麦和云大麦2号、靖大麦1号、云靖麦2号、云啤2号等二棱大麦品种。

3. 种子处理

（1）晒种。播前晴天将种子摊晒1～2天，可以提高皮层透性、促进种子后熟、提高发芽势与发芽率，播后吸水萌动快，出苗整齐。

（2）精选种子。晒干的种子进行风选、筛选或精选机精选以清除秕粒、病粒和杂草种子，选用粒大、饱满、无病虫、整齐的种子。

（3）发芽率测定。播种前测定种子的发芽率与田间出苗率，以备准确计算播种量。

（4）拌种。在大麦条纹病流行地区可用三唑酮、立克锈或多菌灵等拌种；在黑穗病流行地区可用1%的石灰水浸种24小时，捞出晾干播种。用50%辛硫磷50克拌麦种20千克，可防治蛴螬、蝼蛄等害虫。

（二）麦地整理

1. 整地要求

坚持早、深、细、透、实、平、净、足的原则。大春作物收获后及时灭茬，除尽杂草；及早犁耙，犁地深度25～33厘米左右，不漏耕漏耙，土壤上松下实，耙要耙深耙细，无明、暗坷垃，以达到保墒、灭草、减少肥水消耗和增加养分的目的。

2. 重施底肥

除去前茬和杂草后深耕前，每亩施入腐熟农家肥1 500千克，普钙30千克再进行耕耙。

3. 土壤处理

地下害虫较多的地块，每亩可用40%辛硫磷乳油或40%甲基异柳磷乳油0.3千克，加水1～2千克，拌细土25千克制成毒土，犁地前均匀撒施地面，随犁地翻入土中。

（三）播种

1. 抓节令抢墒播种

播种时间以10月中旬至11上旬为宜，这样既避免早霜危害，又不致后期高温逼熟，实现稳产高产；作为饲草种植的大麦可提前在9月下旬至10上旬应抓住雨季尚未结束、土壤潮湿、墒情好的有利时机播种，有利于出苗和大麦营养生长。

2. 播种量

适期播种范围内，通过发芽率计算，保证亩播有效种子 15 万～18 万粒，每亩基本苗控制在 15 万苗左右，一般每亩播量 7～9 千克。如播种时土壤墒情较差、因灾延误播期或整地质量差、土壤肥力低的麦田，可适当增加播种量。

3. 播种方法

旱地大麦播种方法主要有：条播、撒播、穴播等方式。条播落籽均匀，覆土深浅一致，出苗整齐，中后期群体内通风、透光较好，便于机械化管理，是适宜高产和有利于提高工效的播种方法，高产栽培条件下宜适当加宽行距有利于通风透光，减轻个体与群体矛盾。撒播多用于土质黏重、整地难度大时，有利于抢时、抢墒、省工，苗体个体分布与单株营养面积较好，但种子入土深浅不一致。整地差时深、露、丛籽较多，成苗率低，麦苗整齐度差，中后期通风透光差，田间管理不方便。穴播也称点播或窝播，主要在混套作地区采用，施肥集中，播种深浅一致，出苗整齐，田间管理方便，但花工较多，穴距较大，苗穗数偏少，影响产量提高。

水田可采用板茬少免耕机条播，一次性完成旋耕、开沟、播种、覆土、镇压等工序，行距为 25～30 厘米，播深为 2～3 厘米；撒播，将种子均匀撒播田面后，浅旋盖种。

4. 肥料运筹

氮肥为纯氮 10～12 千克/亩，磷肥 P_2O_5 8～10 千克/亩，钾肥 K_2O 5～6 千克/亩。氮磷钾比例为 $N:P_2O_5:K_2O=1:0.8:0.5$。磷钾肥以基肥为主。氮肥的施肥比例为基肥和种肥，宜占全生育期总施氮量的 70%，壮蘖肥比例宜占 20%，拔节肥宜占 10%。追肥在主茎叶龄 5～7 叶期施用，但应采取“看苗促控”原则，即土质差、基肥少、播种迟和群体小的麦田，冬前及早追施苗肥每亩尿素 7～8 千克，促进分蘖和增加群体。对肥力较高、基肥用量较多、出苗齐、分蘖早、长势旺的麦田少施或不施苗肥。

（四）田间管理技术

1. 化学除草

前茬为水稻的大麦田每亩用 10%麦草一次净 8～10 克在杂草 3～5 叶期兑水 60 千克均匀喷施；前茬为烤烟和玉米的大麦田每亩用 25%绿麦隆 250 克，

在杂草1.5～2.5叶期兑水60千克均匀喷施，化学除草就在出苗后至拔节前完成。

2. 主要病虫害防治

（1）病害防治。目前推广品种对大麦主要病害均有较好的抗性，一般不必开展化学药剂防病工作。对特殊品种和局部区域，大麦条纹病、网斑病、白粉病和条锈病的监测和防控，可用多菌灵50%可湿性粉剂，每亩75～100克，抽穗扬花期喷雾或井冈霉素5%水剂（可溶性粉剂）150～200毫升喷雾防治。

（2）蚜虫防治。适期冬灌和早春划锄镇压，减少冬春季麦蚜的繁殖基数；培育种类繁多的天敌；采用黄色黏稠物诱捕雌性蚜虫。药剂防治：可每亩用20%菊马乳油80毫升或50%抗蚜威可湿性粉剂10～15克或10%吡虫啉可湿性粉剂20克，兑水35～50千克，于上午露水干后或下午4点以后均匀喷雾。

3. 冻害防控

合理选用品种、精细整地，增施有机肥，适期播种，合理肥水，培育壮苗等均可增强麦苗自身抗冻能力，低温来临前，土壤干旱要及时灌水，有防冻效果。冻害发生后，对部分叶片被冻坏的麦苗，受冻后应根据冻害严重度增施恢复肥，主茎幼穗冻死率10%～30%的田块宜施尿素5千克/亩，30%以上每超过10个百分点，增施尿素2千克/亩，促使麦苗恢复生长，加强管理，仍可获丰收。

（五）收获与贮藏

1. 收获

茎叶鞘失绿变黄，穗部淡黄色，即蜡熟末期到完熟期采用人工收获或机械收获。啤用大麦宜在完熟期收获，此时籽粒蛋白质含量稍低，酿造品质佳；饲用优质大麦在蜡熟末期收获，此时产量高、品质好；留种用大麦在完熟初期收获，有利于发芽率的提高，通常4月中下旬收获。

2. 贮藏

收获后尽快脱粒晾晒，当籽粒含水量低于13%时，及时进行精选及包装入库，避免受潮、霉变和粒色加深，根据种用、酿造用、饲用不同用途妥善存放保管，确保产品质量，提高商品率、发芽率和酿造品质。在贮藏期间，要注意防热、防湿、防虫。

第六节　丽江大麦栽培技术

一、大麦生态环境和生产概况

1. 农业气候资源

丽江市地处云南省西北部，辖古城区、玉龙县、永胜县、宁蒗县和华坪县。年平均气温12.6～19.9℃，≥10℃的年有效积温为3 464.8～4 520℃，最热月平均气温18～25℃，最冷月气温4.2～12.1℃，全年无霜期为191～310天，年均降水量为910～1 040毫米，年日照数在2 321～2 554小时，大麦生长的冬春季光照充足，太阳总辐射146.5千卡/平方厘米。特别是以玉龙县为主的江边河谷区域，不仅光热资源非常丰富，而且该地区多为沙质壤土，土壤肥沃，肥力均匀，肥水条件好，冬季气温较高，春季气温回升较慢，特别适合冬大麦生长，有利于大麦籽粒光合物质的积累，从而获得高产。全市绝大部分大麦种植的区域海拔在1 800米以上，大小春作物茬口矛盾突出，多数地区两季不足，一季有余，调节两季作物的茬口矛盾，实现全年均衡增产，增加农民收入，调整产业结构，一直是农业科技部门研究探讨的重要课题，而啤饲大麦以其生育期短、用途广泛、适应性广等优点，在小春生产中的作用和地位日趋凸现，成了丽江市的主要小春作物之一。

2. 丽江市大麦生产概况

通过近几年农业科技人员的努力，大麦种植面积稳中有升，2019年丽江市大麦种植面积已达10.8万亩，平均亩产240.74千克，总产2.6万吨左右，占全市夏收粮食总产（11.06万吨）的23.15%。农业科技人员充分利用和发挥金沙江干热河谷区的气候优势条件，通过多年努力，逐步把以玉龙县为主的金沙江河谷优质烟叶生产区打造成了丽江大麦的高产示范区，特别是近年来丽江多次创造全国大麦、青稞高产纪录，从而也扩大了丽江大麦的知名度。2015—2016年度大麦极量创新试验示范中，丽江创造了全国大麦、青稞单产最高纪录和大麦百亩片平均亩产最高纪录，实收最高单产大麦82-1亩产745.9千克，青稞云大麦12号亩产608.2千克，大麦百亩连片平均亩产达631.5千克，2017年在黎明乡中兴村委会实施的高产攻关田块由云南省农业厅和云南省农业科学院共同主持，邀请省内外专家组成专家组进行了田间实收测产，测得理论产量为624.75千克/亩，使丽江青稞新品种云大麦12号继2016年的全国青稞最高实收单产608.2千克后，单产再次突破了600千克，又一次创造了丽江大麦的高产纪录，刷新了丽江青稞单产连续两年超过600千克的历史纪录。2018年由玉龙县农技推广中心实施的大麦S-4高产示范田亩产达756.6千克；2019年同年在石鼓镇鲁瓦村委会镇雄组实施青稞云大麦12号核心示范片120亩，经测产平均亩产达519.74千克，亩收入1 445元。2020年在玉龙县的黎明乡中兴村委会柏木组实施大麦与烤烟轮作核心示范片1片，示范品种为大麦82-1，示范面积150亩左右，经项目组测产最高亩产为729.49千克，150亩平均亩产为635.14千克，2020年4月27日经省、市（区、县）专家田间测产验收，保啤麦26号亩产为749.56千克，云大麦12号亩产为638.4千克，又一次成为丽江市大麦、青稞的高产典型；在玉龙县石鼓镇四兴村委会四兴2组实施云大麦12号（裸）示范面积110亩，最高亩产为554.75千克，110亩平均亩产517.45千克，取得了较好的试验示范效果。

3. 大麦生长的主要限制因子

（1）倒伏。近年来丽江市大麦每年都有不同程度和不同面积的倒伏，对大麦的产量和品质造成了一定程度的影响。造成倒伏的原因主要有：一是播种量偏大，造成大麦群体过大而倒伏。二是施肥不合理，部分农户偏施氮肥，磷钾肥施用不足，造成大麦茎秆柔弱而倒伏。三是分蘖肥施用不当，分蘖肥施用过多导致大麦分蘖过多，群体过大，遇暴风雨容易造成倒伏。四是品种选择不合理，部分农户在肥水条件较好的田块种植中高秆多棱大麦品种，造成倒伏。

（2）冷害。大麦冷害主要分为冬季低温冻害和早春的倒春寒。冬季低温冻害：大麦进入冬季后至越冬期间易受寒潮降温引起的冻害，或是播期较早，冬前气温偏高，麦苗徒长，抗冻力变弱，突遇较强低温、干旱及弱苗、旺苗田块容易造成冻害，使部分分蘖受冻或冻死；倒春寒：也叫春季冻害，大麦拔节期至抽穗期容易遭受倒春寒，对大麦结实率影响较大。

（3）病虫害。丽江市大麦病害主要有白粉病、条纹病，虫害有地下害虫（蛴螬、地老虎、蝼蛄）。针对这些病害应坚持“预防为主、综合防治”的防治原则，选用抗病品种，进行合理的轮作制度。采用“一喷三防”技术措施：在大麦扬花期至灌浆期，以防治两病两虫（白粉病、条纹病、蚜虫、红蜘蛛）为重点，兼治其他病虫，防早衰、增粒重。

4. 栽培制度

丽江大麦的栽培以冬大麦为主，栽培制度主要是轮作（烤烟与大麦轮作、水稻与大麦轮作和玉米与大麦轮作），也有小部分的间套作。

5. 种植品种更换与性状演变

为了做好啤饲大麦新品种示范推广工作，解决大小春作物茬口矛盾，丽江市农技推广中心、各县（区）农技推广中心自2003年起先后引进了200余个品种（系），通过多年的异地鉴定、引种试验和示范，从中筛选出了适合丽江种植的啤饲大麦新品种：S500、V43、V06、S-4、云大麦2号、凤大麦6号、82-1、云大麦12号等，其中S-4、V43、云大麦2号、凤大麦6号、云大麦12号、82-1等作为丽江市目前的主推品种在大麦生产上予以应用。

6. 生产水平

尽管丽江大麦在生产上屡次创造了高产典型，但生产中还是存在不少问题，各地生产水平不均衡，大麦最高单产达到750千克/亩以上，低的只有100多千克/亩，总体水平较低，导致丽江大麦平均单产较低，徘徊在240千克/亩左右，究其原因主要表现在：技术水平不高，田间管理较为落后（播种、施肥、田间管理存在较大随意性；机械化程度较低等）；种子来源渠道多样，品种混杂且优质高产品种较为缺乏（主要表现为购种、换种、留种）；种植规模小且分散，农业专业合作组织发展落后（农户各自分散种植，布局较为混乱，尚未形成规模优势）；科研与生产衔接不够紧密，新品种、新技术推广不到位；产业扶持政策缺乏，影响和制约了产业的可持续发展（生产环节无直补政策和良种补贴；流通环节无最低收购价政策；科研环节研发、示范推广资金投资有限）等问题的存在制约着丽江大麦产业的发展。

7. 主要用途

丽江市大麦的主要用途为饲用，占85%以上，大麦籽粒和麦草都是优质饲草原料，其籽粒中的粗蛋白和可消化纤维均高于玉米，大麦籽粒稍加磨碎后，就可直接饲养猪、牛等家畜，特别是烤烟生产区的农户，大麦成了主要的饲料来源，因此有“花钱靠烤烟，吃肉靠大麦”的说法；其次是酿酒（啤酒麦芽收购、小作坊酿制大麦白酒），占10%左右，粮食食品占3%左右（糌粑），其他用途占1%。

二、丽江大麦绿色高产高效栽培技术

1. 茬口选择

大麦晚播早熟，后茬尽量选择花生、红薯、大豆、烟草等作物，有利于后茬增产增效，特别是大麦与烟叶互相间作、轮作，大麦需肥与烟叶可以形成良好互补，同时倒茬可以有效控制烟草病虫害的发生。

2. 选种

（1）种子选择。种子质量应符合 GB 4404.1，大田用种规定指标。种子纯度≥99.0%，净度≥99.0%，发芽率≥85%，水分≤13.0%。

（2）品种选择。选用粒大、壳薄、饱满度均匀，抗病性强，优质、高产的中早熟良种。基础地力中等以上，肥水条件优越的田块选择种植中矮秆二棱品种，如：S-4、82-1、S500、云大麦 2 号、云大麦 12 号（裸）等；中等肥力田块选择多棱中高秆品种，如云大麦 1 号、V43、V06、凤大麦 6 号等。

3. 种子处理

播种前，利用晴天晒种 1～2 天，以提高种子发芽势，增强种子活力。为预防大麦病虫害的发生，播种前应采用药剂拌种，在白粉病和条纹病发生较重的地块，每 100 千克种子用 20%三唑酮（粉锈宁）150 克或每 100 千克种子用 2%戊唑醇（干拌剂或湿拌剂）100～150 克（有效成分 2～3 克）拌种；地下害虫发生较重的地块，每 100 千克种子用 50%辛硫磷乳液或 35%甲基硫环磷乳油 200 克拌种进行防治；病、虫混发地块用以上杀菌剂+杀虫剂混合拌种进行防治。

4. 地块处理

（1）去茬除草。前茬是水稻，黄熟后开沟排水，收获后深翻晾晒，去除田埂上的杂草；前茬是烤烟，烟叶撇完后将烟秆割掉、搬出，深翻晾晒，去除田埂上的杂草；前茬是其他旱地作物，在前作收获后及时深耕，去除田间和地埂上的杂草。

（2）整地。播种前应深耕、深松土壤，耕深应达到 24 厘米以上，做到一犁三耙平整土地，破碎土块，达到地平墒足、上虚下实无坷垃，为保证全苗、齐苗和壮苗创造良好的土地环境。有条件的可以晒垡 10～15 天左右；播种时要精细耕地做畦理厢，做到三沟配套，达到雨停沟干，墒面应不积水为宜。

5. 播种

（1）播种量。分别做种子田间、室内发芽试验，计算出种子平均发芽率，按每亩 12 万～15 万基本苗的量计算播种量，以普通二棱大麦为例：高肥力田块：半精量轻简化机械栽培田块，播种量控制在 8～10 千克/亩为宜，人工或机械条播田块，播种量控制在 7.5～8 千克/亩为宜。中等偏下肥力田块：半精量轻简化机械栽培田块，播种量控制在 12～14 千克/亩为宜，人工或机械条播田块，播种量控制在 10～12 千克/亩为宜。另外，水旱轮作的田块，由于土壤的黏性相对较重，播种时要适当增加播种量，多棱大麦分蘖力偏弱，播种时也要适当增加播种量。

（2）播期。适时播种：合理密植、适期播种是大麦丰产的前提，丽江市大麦播种期宜选在10月下旬至11月上旬，各地播种时间因地而异，但不宜过早或过迟，过早花期易受倒春寒冻害，影响大麦产量，过迟则影响下季作物的种植。

（3）播种规格。人工或机械条播：采用行播，做到下籽要均匀，播深3～5厘米，行距25～30厘米，播种后要进行覆土；半精量轻简化机械栽培：做到撒种均匀，撒种后，及时机旋浅盖土，也可用麦类撒播旋耕覆土机适当镇压盖土，以提高田间出苗率，然后人工拉线开墒，墒面宽2.5～2.8米为宜，便于田间管理。

6. 田间管理

（1）施肥。施肥原则：根据大麦生育期前期需肥多的特点，应该重施基肥，合理施肥，按增施有机肥，施足基肥，适当追肥的原则，特别是前作为烤烟田块，适当采取前肥后移措施，前期充分利用前作余肥，中后期适当增施肥料。基肥：施肥结合深耕，每亩施用商品有机肥200～300千克（或腐熟农家肥1.5～2.0吨），三元复合肥（N∶P∶K＝14∶16∶15）20～25千克或（N∶P∶K＝10∶10∶10）30～40千克。追肥：①分蘖肥：出苗后30天左右，追施分蘖肥尿素15～20千克/亩，追肥时结合灌水，可采用水前追肥和水后追肥，水前追肥是在灌水前将肥料均匀撒施到厢面上，施完肥后尽快灌水，缺点是肥料会随水流走；水后追肥是灌水后2～3天，人可下田时进行追肥，缺点是不方便操作。②拔节肥：视苗情亩追施拔节肥尿素10～15千克（或不施），追肥时结合灌水，追拔节肥时应避免过量施用氮肥，施用过多，易造成基部节间细长，茎秆软弱，使大麦贪青晚熟，造成倒伏。③叶面喷肥：抽穗初期喷施尿素和磷酸二氢钾，每亩用300克尿素和75克磷酸二氢钾兑水50升；扬花后期喷施磷酸二氢钾，每亩用75克磷酸二氢钾兑水50升，两次间隔时间15天左右，避开雨天，在早晨或傍晚喷施，叶面喷肥不仅可以延长叶片功能期，也可提高粒重和改善品质。

（2）田间除草。杂草较多的田块，播种后40天左右，田间杂草2～3叶期，灌水后3～4天进行化学除草，阔叶类杂草每亩使用甲磺隆·氯磺隆或苯磺隆7.5～8.3克兑水50升喷雾进行防治，禾本科杂草主要通过人工拔除。杂草少的田块，不建议采用化学除草，最好进行人工除草。

（3）灌溉。大麦整个生育期至少要灌5次水，分别灌：出苗水、分蘖水、拔节水、孕穗水、灌浆水。灌水采用漫灌的方式，当厢面潮湿后，及时排水。

(4) 病害防治。病虫害防治坚持以“预防为主、综合防治”为防治原则。采用“一喷三防”技术措施：在大麦扬花期至灌浆期，以防治两病两虫（白粉病、条纹病、蚜虫、红蜘蛛）为重点，兼治其他病虫，防早衰、增粒重。可选用杀菌剂、杀虫剂、植物生长调节剂综合使用。可选用粉锈宁、吡虫啉、磷酸二氢钾等药剂混合喷施。丽江市大麦病害主要有白粉病和条纹病，近年来也发现有黑穗病。

① 白粉病防治。发病症状及条件：初发病时，叶面出现1～2毫米的白色霉点，后逐渐扩大为近圆形至椭圆形白色霉斑，霉斑表面有一层白粉，遇有外力或振动立即飞散。后期病部霉层变为灰白色至浅褐色，病斑上散生有针头大小的小黑粒点。该病发生适温15～20℃，低于10℃发病缓慢。相对湿度大于70%有可能造成病害流行。

防治措施有农业防治和药剂防治。农业防治：选择抗病品种或选择籽粒饱满、生活力强、发芽率高的种子，播种后能迅速出苗，减少病菌侵染机会；施用堆肥或腐熟的农家肥、有机肥，增施磷、钾肥，搞好氮、磷、钾合理搭配，增强大麦的抗病力；在播种前，消灭田间、路边、沟边的自生麦苗。药剂防治：以往发病较重的地块，每100千克种子用20%三唑酮（粉锈宁）150克拌种；每亩可用15%粉锈宁（三唑酮）可湿性粉剂60～100克，或用12.5%烯唑醇（禾果利）可湿性粉剂10～20克兑水50升喷雾防治；早预防，发现中心病株及时用药，间隔7～10天，连续喷2～3次，喷药时避开雨天和大风天气。

② 条纹病防治。发病症状及条件：大麦条纹病主要危害大麦地上部分，主要危害叶片和叶鞘。病害在幼苗期就能显现，初生浅黄色斑点或短小的条纹，至拔节抽穗期病害最重，典型的症状是从叶片基部到叶尖形成细长的条斑，和叶脉平行，或连续或断续，病斑颜色由黄色变为褐色，再后枯死。病菌以休眠苗丝潜伏在种子里越冬，一般可存活5年。播种时地温低、湿度高，利于病菌侵染。春大麦早播或冬大麦晚播，生长前期气温低，湿度大发病重。

防治措施有农业防治和药剂防治。农业防治：选用抗病品种，实行轮作制度；适当浅播；建立无病留种田，繁育无病种子；施足有机肥，增加种肥量；大麦抽穗前拔除病株；药剂防治：播种前每100千克种子用2%戊唑醇100克拌种，或1%石灰水浸种24小时，或4%～5%皂矾（硫酸亚铁）2.5克加水50升水溶液浸种6小时；发病初期每亩用65%代森锰锌100～120克，或50%多菌灵50～60克兑水50升喷雾防治。

③ 黑穗病防治。发病症状及条件：发生在大麦上的有散黑穗病和坚黑穗病，病株常较健株略矮，坚黑穗病发病病穗上的小花、小穗均被破坏，变成一团黑粉状物，外被一层银白色至灰白色薄膜，有的残存芒，膜较坚硬，风吹不坏，孢子间具油脂类物质相互黏结着。散黑穗病刚发病的病穗外面包一层灰色的薄膜，但薄膜很快会破裂，黑粉随风吹散，只剩下光秃的穗轴。黑穗病发生的轻重与上年扬花期间相对湿度的高低有密切关系。大麦抽穗至开花期间的气候条件，对黑穗病的侵染有很大影响，大风有利于病菌孢子的飞散和传播，而大气温度在 25～30℃时，最适合病菌孢子的萌发条件。

防治措施有农业防治和药剂防治。农业防治：选用无病种子，在田间发现病株及时拔除烧毁，以减少病菌传播，减轻下年度病害的发生。药剂防治：以往发病的田块，播种前用五氯硝基苯 10～20 克或戊唑醇调成浆状液，每 10～20 克药剂加水 150～200 毫升拌种 10 千克拌种子进行防治。

（5）虫害防治。一般大麦的田间常见的虫害主要有蚜虫、麦红蜘蛛和地下害虫。

① 蚜虫防治。蚜虫主要危害大麦的叶片及麦穗，被蚜虫危害的植株叶片枯黄褴褛，生长停滞，植株分蘖减少，麦粒不饱满，甚至不结实。农业防治：进行适期冬灌、早春划锄和镇压，减少冬春季蚜虫的繁殖基数，注意田间卫生，消除田边和河沟边杂草；保护和利用天敌；药剂防治：田间出现蚜虫时，每千克可用 50%抗蚜威可湿性粉剂 10～15 克，或 10%吡虫啉可湿性粉剂 20 克，或 3%啶虫脒 20 毫升，或 4.5%高效氯氰菊酯 40 毫升，加水 50 升及时均匀喷雾防治。

② 麦红蜘蛛防治。麦红蜘蛛主要危害麦苗，是一种喜温喜干燥的害虫，一般在上午和下午危害最严重。农业防治：实行轮作倒茬；浇灌时振动植株或搅拌流水口，使水带泥浆，这样会导致虫子落入水中沾泥而死；大麦收割后进行深耕灭茬，及时机耕消除越夏虫卵，降低次年虫口数量；药剂防治：每亩可用 20%哒螨灵 25 克或 4.5%高效氯氰乳油 80 毫升兑水 50 升喷雾防治。

③ 地下害虫防治。大麦的地下害虫主要有金针虫、蛴螬、地老虎等，它们主要咬食萌发的种子和幼苗，造成缺苗断垄。防治方法：拌种，50%辛硫磷乳油、40%甲基异柳磷乳油、40%乐果乳油等，用种子重量的 0.1%～0.2%拌种。土壤处理，结合播前整地，用药剂处理土壤，常用方法有：将药剂拌成毒土均匀撒施或喷施于地面，然后浅锄或犁入土中；将药剂与肥料混合施入，即使用肥料农药复合剂；生长期用药，幼苗期亩用 50%辛硫磷乳油或乐斯本

250～300 毫升，随水灌入土中，7～10 天 1 次，防治 2～3 次。

（6）抗逆技术。

① 防倒伏。选择抵抗风雨能力强的抗倒耐肥的中矮秆品种，不同品种在田间产生倒伏的程度不同，高秆品种植株高，重心上移，易倒伏；开好深沟防积水，合理密植，多年实践证明合理的栽培密度是高产防倒伏的重要因素之一；科学用肥，防止重施、迟施氮肥，肥料是实现高产优质的物质基础，但一定要施用合理，才能实现培育壮秆抗倒高产优质的目的，氮肥施用过多过迟，会使植株生长过高、叶蘖繁茂，无效分蘖增多、茎秆脆弱，易倒伏；适期早播，培育壮苗，在适宜的播种期范围内力求早播，适期早播充分利用越冬前的积温和光照培育壮苗越冬，返青拔节时冬前长出的大分蘖可以提前拔节，基部第 1、2 节间发育充实，粗而短，抗倒力强。

② 防冻害。大麦的冻害主要分为冬季冻害和倒春寒两种。冬季冻害主要是指大麦在越冬期间由于寒潮引起的冻害，主要是天气因素引起的；倒春寒是指春季气温回升后又遇寒潮后引起的大麦冻害。选用冬春性适宜的品种；冻害严重种植区适当推迟播期，在孕穗开花期避开倒春寒；采用精量半精量播种技术，培育壮苗，提高抗寒力；受冻后及时追施氮肥 5～10 千克/亩；加强中后期肥水管理，防止早衰，预防倒春寒危害。

7. 收获

（1）收割。人工收割在蜡熟末期为宜，此时麦粒的干物质积累已达最大值，茎秆尚有弹性，收割时不易落粒；留种用大麦、联合收割机收割在完熟初期；抢晴天收割，集中晾晒 2～3 天，这是降低水分含量快而均匀、色泽正的好措施，若天气不稳定，则宜完熟后抢晴天，在籽粒水分低时直接收获。

（2）晾晒。收割后及时晾晒，防止雨淋受潮，晾晒时应选择当阳、通风、无污染、宽敞的场地进行晾晒。

（3）储藏。入仓大麦籽粒含水量≤13%，温度控制在 15℃。采用干燥、趁热密闭储藏或地面堆积储藏方法，储藏时禁用有毒、有害的包装物。

8. 秸秆的处理应用

作物秸秆是最大的有机物来源，可以通过大麦秸秆粉碎直接还田、堆沤还田和过腹还田来增加土壤的有机质含量，改善土壤结构，培肥地力，减少土壤蒸发，达到作物抗旱、增产、培肥土壤的目的。

直接还田：直接还田又分翻压还田和覆盖还田两种。翻压还田就是用秸秆粉碎机将摘穗后的大麦秸秆就地粉碎，均匀地抛撒在地表，随即翻耕入土，使之腐烂分解。这样能把秸秆的营养物质完全地保留在土壤里，不但增加了土壤有机质含量，培肥了地力，而且改良了土壤结构，减少病虫危害。但秸秆还田方法不当，也会出现各种问题，如下季作物出苗不齐、病害发生加重等。针对这些问题，秸秆直接还田后需要注意“防病虫害、补水补氮”。覆盖还田就是将秸秆粉碎后直接覆盖在地表，这样可以减少土壤水分的蒸发，达到保墒的目的，腐烂后增加土壤有机质，同时还可以有效抑制杂草的生长。目前我们在烤烟生产中将大麦秸秆覆盖于烤烟沟里就是覆盖还田的一种。

过腹还田：利用秸秆饲喂牛、马、猪、羊等牲畜后，秸秆先作饲料，经禽畜消化吸收后变成粪、尿，以畜粪尿施入土壤还田。大麦秸秆作为饲料，在动物腹中经消化吸收一部分营养，像糖类、蛋白质、纤维素等营养物质外，其余变成粪便，施入土壤，培肥地力，无副作用。而秸秆被动物吸收的营养部分有效地转化为肉、奶等，被人们食用，提高了利用率，还可为农业增加大量的有机肥，降低农业成本，促进农业生态良性循环，这种方式最科学、最具有生态性，最应该被提倡推广。随着秸秆处理技术的提高和推广，大麦青贮技术已在进行示范推广了，在大麦灌浆或蜡熟期收割切段做成青贮饲料，是奶牛的好饲料。

堆沤还田：是将作物秸秆制成堆肥、沤肥等，作物秸秆发酵后施入土壤。经发酵的秸秆可加速腐殖质分解制成质量较好的有机肥，作为基肥还田，秸秆的腐熟标志为秸秆变成褐色或黑褐色，湿时用手握之柔软有弹性，干时很脆容易破碎。腐熟的堆沤肥料可直接施入田块。

三、大麦超高产栽培技术要点

（1）结合当地农业气候资源、土壤条件，有针对性采取栽培技术措施是取得高产的基础。经过充分调研，在高产示范区中心村范围内，柏木小组地理位置独特，小春大麦生产季比其他村光照时间长，具有较好的光热资源，有利于大麦产量提高，重点实施了大麦高产攻关示范，示范区海拔 1 880 米，年均气温 13.7℃，平均降水量 800 毫米左右，示范片田间水利设施完备，水源保证，排灌方便。土壤为沙质壤土，有机质：39.3 克/千克，碱解氮：212 毫克/千克，有效磷：30 毫克/千克，速效钾：49 毫克/千克，分析示范田土壤，有机质含量一般，氮、磷含量较为丰富，钾含量严重不足，这与多年烟麦轮作，烤烟用肥及需肥对土壤肥力造成了相应影响有关。针对以上土壤肥力结构，农业科技人员在大麦高产攻关施肥方案中主要是增加有机肥用量，保证氮、磷肥供应，并在施用中氮肥稍后移，增加钾肥的用量，特别在中后期补施磷酸二氢钾作叶面追肥，有效提高粒重；另外需特别注意大麦适期播种和规范精量播种工作，改变农民过早播种习惯和采用人工拉线精量条播的播种方式，适期播种既保证播前田块充分晒垡，又避免麦苗冬前生长过旺，降低抗逆性，人工拉线精量条播，不仅确保播种均匀、出苗整齐，还有利于通风透光，提高大麦光合利用率，有利于高产攻关麦田的田间调控管理。通过该技术的实施，丽江大麦、青稞单产和百亩示范片平均单产均刷新了全国高产纪录，《丽江市大麦高产栽培技术研究与应用》获得了丽江市2015年度科技进步二等奖。

（2）选择耐肥矮秆，综合性状优良的大麦品种，创造合理的产量构成因素是创造高产的关键。通过多年展示试验，株高80厘米左右的二棱大麦品种，如S-4、82-1、云大麦2号等，综合性状好，具有较强的抗倒性和耐肥性，能保证较高的生物产量和籽粒产量，是实施高产攻关及高产示范的理想品种，在高产栽培技术方案及实施中保证每亩13.5万～14.0万苗的基本苗，最高茎蘖105万苗左右，成穗率65%左右，保证有效穗65万～70万穗的合理群体结构是创造较高产量水平的群体动态，同时保证穗粒数24～25粒，千粒重45～48克，是创造大麦高产典型的产量构成结构。

第七节　迪庆青稞栽培技术

一、青稞生态环境和生产概况

1. 生产分布概述

云南省的青稞分布主要在海拔550～3 900米的区域，总面积约20 000公顷，种植比例随海拔高度增高而增加，除怒江州、丽江市、保山市、大理市、昆明市、西双版纳等州（市）零星分布外，主要分布在迪庆州，占云南省青稞总种植面积的50%以上。云南青稞分冬青稞和春青稞，春青稞主要分布在海拔2 800米以上的干旱、高寒、土壤贫瘠的山区和高原坝区，如迪庆、昭通、丽江等地区。春青稞的种植面积约占云南省青稞总种植面积的80%，但单产较低。冬青稞主要种植在海拔2 600米以下区域，单产相对较高，冬青稞生产区域是云南省优质加工型青稞原料的主要种植区。

2. 传统耕作模式

青稞忌连作，前茬一般以薯类、十字花科、豆类比较好。合理轮作可以利用不同作物的生物学特性以及不同的栽培管理措施，有效地消灭或抑制病虫草害，促进青稞生长发育。春青稞主产区一年一熟普遍应用三年轮作制，主要采用的轮作方式有马铃薯→青稞→油菜、蔓菁→马铃薯→青稞、油菜→青稞→马铃薯等，一般在3月下旬至4月初播种，8—9月份收获，全生育期150～170天。冬青稞主产区普遍为一年二熟制，主要轮作方式有玉米—青稞→玉米—青稞、水稻—青稞→水稻—青稞或水稻—青稞→玉米—青稞等，一般在11月份播种，次年的4—5月份收获，全生育期175～185天。目前该作物的主要栽培模式为净种，零星有青稞品种多样性混种、青稞玉米间套种和青稞马铃薯间套种。

二、迪庆青稞绿色高效栽培技术

1. 绿色高质高效栽培技术

（1）播前准备。

① 地块选择。a. 茬口选择。青稞对茬口选择不严格，无论在什么茬口上都可以生长，但忌连作。在云南，春青稞前作多为马铃薯、油菜，冬青稞前作多为玉米、水稻。b. 选地。青稞根系发达，土壤疏松，有利于根系的生长发育。适宜在比较肥沃的黏壤土或壤土生长，土壤酸碱度以中性为宜，也能在微弱碱性土壤生长。酸性土壤青稞不宜生长，幼苗对土壤酸度较为敏感。沼泽土及沙质重的土壤对青稞生长不利。

② 精细整地。青稞对土壤质地适宜性强，云南省各地海拔1 400～3 500米地区均可种植。青稞的整地因种植制度、土壤、气候等因素不同而不同。春作区应在休闲期结合降水进行秋深耕翻，冬季机耙整地保墒。冬作区应在前茬作物收获后及时进行秋深耕翻机耙整地。前茬不同，耕作亦有差异。播前整地有益于提高播种质量。结合整地重施基肥是提高青稞产量的重要措施。氮、磷、钾比例一般是$N : P_2O_5 : K_2O = 0.7 : 1 : 0.75$。

③ 种子处理。选择经过精选、纯度高、净度高、发芽率高的优良品种的种子，根据当地地下害虫危害程度不同选择药剂拌种。为有效防治青稞条纹叶枯病、黑穗病、网斑病和白粉病，在播种前统一用50%的多菌灵可湿性粉剂或者15%三唑酮可湿性粉剂拌种，每公顷用种量用药为750克。

（2）播种。

①播种期。青稞播种时期因地域关系差异较大，春青稞地区于开春后3月份气温回升，平均地温稳定在0～8℃时即为最适宜的播种期。青稞早播根系发达入土深，可充分吸收利用较深较广范围内的水肥，使植株生长发育健壮，同时青稞在高寒地区种植，早播种早成熟早收割，可避免后期的自然灾害，获

得增产增收。云南省春青稞种植一般在3月下旬至4月上旬播种为宜，过早过晚都不利于产量的提高。冬青稞种植由于轮作时间紧迫，务必于10—11月初播种完毕，才不耽误下季作物生产。

②播种方式。选择性状好、适宜当地的青稞品种进行种植，播种深度4～8厘米为宜，机播深度为3～5厘米，过深或过浅都不利于出苗和分蘖的形成。点播、条播、撒播要均匀一致，以建立田间合理的群体结构，实现经济效益和生态效益同步提升。

③播种量。青稞的播种量要根据品种特性、播种方式、土壤质地、肥水等条件不同而有差异，一般分蘖力强、成穗率高的品种播种量控制在150千克/公顷左右；分蘖力弱、成穗率低的品种播种量控制在150～160千克/公顷；春青稞品种播量为165～200千克/公顷，冬青稞品种的播种量为120～150千克/公顷。

④施肥。青稞生育期短，生长发育迅速，对肥水需求量较大且多集中在前期，从出苗到拔节仅需35天，因此青稞前期对营养物质的需求极为敏感。根据这一特点，青稞要求用腐熟农家肥。合理施足底肥，根据降水及时追肥，播前每公顷施农家肥30 000千克，磷肥150千克、尿素150千克，磷肥和尿素混匀后撒入田地耕翻耙平后播种，播种35天后，根据降水情况及时追施尿素，用量为45千克/公顷，中后期要适当喷施叶面肥，可提高籽粒的饱满度。

⑤合理密植。创造一个合理的群体结构是青稞高产、稳产的又一个重要因素。合理密植是既要靠主茎成穗，又要兼有一定比例的分蘖穗，妥善解决群体和个体的矛盾，保证群体获得尽可能大的发展，使个体正常发育，从而达到株壮、单位面积有效穗多、穗大粒多、千粒重高而获得高产，春青稞保留220万～240万苗/公顷基本苗，冬青稞保留165万～220万苗/公顷基本苗为宜。

（3）田间管理。青稞出苗后要及时查苗补苗，疏密补缺，破除板结，达到匀苗、全苗，为壮苗奠定基础。除草是保证青稞正常生长发育的重要环节之一。积极除草可以给青稞生长发育创造更好的水、肥、气热和光照条件，同时还能调节增加二氧化碳气体的供应量，增加光合作用，制造积累更多的有机物质。

① 化学除草。采用麦田专用除草剂和人工除草，播种后1～3天每公顷用50%丁草胺3 000毫升或乙草铵1 500毫升或麦草一次净150克兑水750～900千克喷雾防除杂草，麦田杂草多的还可考虑选用70%麦草净，每公顷用

70%麦草净 1 050 克加水 750 千克均匀喷雾。

② 早施分蘖肥。在三叶一心期施尿素 150 千克/公顷，硫酸钾45 千克/公顷。拔节孕穗肥要根据苗情少施或不施，以免氮肥过多，造成贪青晚熟和倒伏。施肥的同时结合灌水进行。

③ 排灌。天气干旱，田土干燥出苗缓慢，应及时灌水，一般灌水至沟平或半沟，到厢面润湿后立即排干即可，确保早苗、匀苗、全苗。在出苗期、冬青稞的越冬期、开花期、灌浆期各灌水一次，保持田间湿润，特别在苗期及花期应避免干旱，灌水要看植株生长情况进行，在晴天中午植株下部叶片反白，土壤干燥时应及时灌水。灌水时需要做到速灌速排。注重增强根系活力，确保后期不早衰，不倒伏。

④ 防止倒伏。倒伏是影响青稞产量的一大因素，倒伏的原因：一是品种本身不抗倒；二是密度过大，施肥过多，组织软，产生倒伏；三是灌水过多而引进倒伏。生产上对密度大、生长旺盛的田块，在拔节孕穗期应合理灌溉和施肥，喷施健壮素浓度为 0.1%～0.25%，每公顷用药液 900～1 050 千克喷雾，可控制青稞茎秆细胞生长，节间缩短，叶片短厚，叶色浓绿，根系发达，植株矮化抗倒。

2. 病虫害防治

青稞主要病害有锈病、白粉病、散黑穗病；主要虫害有黏虫、沟金针虫、地老虎和蛴螬。青稞病虫害的防治，应以农田防治为主，以药剂防治为辅。在生产上选用抗病品种、实行轮作、清洁养地、播前深耕、降低病原菌和虫源基数。同时，通过精选种子、药剂拌种、增施磷钾肥、精耕细作、合理密植、培育壮苗、加强田间管理，以增强青稞的抗病和抗虫性。

(1) 病害防治。病虫害防治坚持以“预防为主、综合防治”为防治原则。采用“一喷三防”技术措施：在大麦扬花期至灌浆期，以防治两病两虫（白粉病、条纹病、蚜虫、红蜘蛛）为重点，兼治其他病虫，防早衰、增粒重。可选用杀菌剂、杀虫剂、植物生长调节剂综合使用。可选用粉锈宁、吡虫啉、磷酸二氢钾等药剂混合喷施。迪庆州青稞的病害主要有黑穗病、白粉病和锈病。

① 黑穗病防治：a. 选用抗病品种和不带菌的种子。b. 种子处理。可用 20%粉锈宁 100～150 克拌种 100 千克在拌匀捂种 24 小时后播种；10%浸种灵乳油或 25%施宝克乳油 2 毫升加 1 千克水拌 10 千克种堆闷 8 小时后播种。c. 实施 2～3 年的轮作。采取不同作物间隔 2 年以上轮作，作物种植一年一熟制的高寒地区，可采取青稞→马铃薯（油菜）→蔓菁（荞麦）2～3 年轮作。

② 白粉病防治：a. 种植抗病品种。b. 冬作秋播前要及时清除掉自生苗，减少秋苗菌源。c. 加强田间管理，搞好浇水与排涝工作，采用配方施肥技术，适当增施磷钾肥，根据品种特性和土壤肥力、地势，合理密植，增强作物抗病力。d. 加强种子处理。用25%的粉锈宁100～150克拌种100千克青稞种子，种子和药剂拌匀后捂种24小时后播种可防治白粉病，兼治黑穗病、条锈病等。e. 搞好病虫害预报工作，当病情指数达到1或病叶率达10%以上时，及时采用高效广谱或专用杀菌剂开展好关键的第一次联防联治工作，也可以根据田间病虫害发生情况，有目的地加入杀虫剂，进行混合，共同控制病虫危害。

③ 锈病防治：a. 选用种植抗病品种。b. 用粉锈灵或立克锈拌种。c. 改进栽培技术，轮作换茬。做到适时播种，加强田间管理，除草排水，合理配方施肥，以增强青稞的抗病力。d. 加强预测预报，掌握田间病害发生动态，发现中心病株后要采取药剂预防与预防治疗开展联防联治。

（2）危害青稞的几种主要害虫。

① 黏虫。黏虫不能在高寒山区越冬，为迁飞性害虫，随季节的变化南北往返迁飞为害，因此春冬作青稞都可受其为害。多集中在植物心叶、叶背等避光处啃食叶肉，3龄以后开始蚕食叶片，5、6龄食量大增，暴食为害，可将植株吃成光秆。

② 沟金针虫。是高海拔地区危害青稞的主要虫害之一，在冬暖春早发生严重，遇大面积发生，会造成青稞缺行断垄。

③ 小地老虎。又名切根虫。为鳞翅目夜蛾科害虫。以幼虫危害大，食性杂，昼伏夜出，幼虫夜晚出土活动，将幼苗叶片咬成小孔、缺齿状，大龄幼虫将幼苗齐地咬断，并拉入洞穴取食，严重时会造成青稞缺行断垄。

④ 金龟子。幼虫称为蛴螬，食性极杂，终生在土中为害作物的地下部分。蛴螬的发生活动与土壤温、湿度和土质关系较大，当10厘米土温15℃时，开始上升土表，平均土温15～18℃时活动最盛，23℃以上则往深土中移动，土温降到5℃以下，即进入深土层越冬，蛴螬一般在阴雨时期为害严重。

3. 害虫防治技术

（1）合理布局。有目的地进行连片规划种植同一作物，创造有利病虫害防治环境和切断部分病虫害传播扩散途径。

（2）深翻灭蛹。在春作区前茬作物收获后，至第二年播种前，进行深耕，让虫蛹暴露于外，借雪凌消灭越冬蛹。

（3）灯光诱杀。利用成虫的趋光性，在成虫发生期，采用黑光灯、频振式杀虫灯诱杀成虫。

（4）破坏卵块生态环境。卵期进行中耕除草，从而达到减少田间卵块量，以控制大量幼虫为害。

（5）药剂防治。药剂防治一定要掌握在幼虫3龄以前，用绿晶0.3%印楝素乳油1 350毫升/公顷、京绿0.38%苦参碱可溶性液2 250毫升/公顷、绿浪1.1%百部·川楝·烟乳油800倍、云菊5%乳油1 000倍，喷雾防治，可收到较好的防治效果。

第四章　云南大麦部分配套栽培技术

第一节　烟后大麦丰产栽培技术规程（DB 5305/T 57—2021）

本文件主要起草单位：保山市农业科学研究所。

1. 范围

本文件规定了烟后大麦的术语和定义、生产环境、品种选择和种子处理、整地与播种、施肥、灌水、病虫草鼠害防治、收获与贮藏技术。

本文件适用于保山市烤烟生产区烟后大麦生产。

2. 规范性引用文件

下列文件对于本文件的应用是必不可少的。凡是注明日期的引用文件，仅所注日期的版本适用于本文件。凡是不注日期的引用文件，其最新版本（包括所有的修改单）适用于本文件。

GB 4404.1—2008《粮食作物种子　第1部分：和谷类》

GB 5084 农田灌溉水质标准

GB/T 8321 农药合理使用准则（所有部分）

GB 15618—2018《土壤环境质量农用土地土壤污染风险管控标准（试行）（发布稿）》

GB 15671—2009 农作物薄膜包衣种子技术条件

NY/T 496 肥料合理施用准则　通则

3. 术语和定义

下列术语和定义适用于本文件。

3.1　烟后大麦

在同一块田地上，当烟叶采摘完后播种大麦的种植模式。

3.2　分蘖期

田间有50%以上的第一分蘖芽露出叶鞘1厘米以上的时期。

3.3　拔节期

手指压摸田间有50%以上的主茎基部第一节离地面1～2厘米的时期。

3.4　抽穗期

目测田间有50%植株的穗部顶端小穗（不连芒）露出剑叶50%以上的时期。

3.5　扬花期

目测田间有50%麦穗小花开裂，黄色花药外露的时期。

3.6　蜡熟期

目测田间50%籽粒颜色由绿逐渐变黄，内部胚乳呈蜡质状，不易被指甲划破的时期。

4. 生产环境

4.1　适宜区域

烤烟主产区，海拔1 400～2 000米，年均温12～16.5℃，年降水量1 150～1 450毫米，无霜期270～300天，土壤类型为沙壤土或壤土，pH 5.5～7.5。

4.2　产地环境

4.2.1　土壤环境质量

选择无污染的土壤，土壤质量应符合GB 15618—2018的规定。

4.2.2　灌溉水质量

为雨水、地下水和地表水，水质应符合GB 5084的规定。

5. 品种选择和种子处理

5.1　良种选择

旱地及中、低产区水田选用分蘖强、抗旱、抗寒、抗病、耐瘠的多棱大穗型早熟品种；高产区水田选用分蘖强、抗旱、抗寒、抗病、耐肥、抗倒伏的二棱矮秆早熟品种。主要种植品种见附录 A。

5.2 种子质量

种子质量应符合 GB 4404.1—2008 的规定。

5.3 种子处理

——包衣种应符合 GB 15671—2009 的规定。

——未包衣的种子，播种前晒种 1～2 天，采用 6%戊唑醇悬浮种衣剂 200 倍液和 30%噻虫嗪悬浮种衣剂 20～25 倍液拌种、晾干，种干即播。

6. 整地与播种

6.1 整地

烟叶采摘完后，及时清除烟秆及杂草等，每亩施农家肥 1 000～1 500 千克，认真整地，做到深耕、土细，不漏耕，耙透耙实耙平，达到土壤疏松、地面平整、无杂草。净墒面 1.7～2 米，沟宽 20～30 厘米，沟深 20～25 厘米。

6.2 播种

6.2.1 播种期

田麦：10 月中旬至 11 月中旬。

旱地麦：9 月上旬至 10 月上旬。

6.2.2 播种量

田麦：多棱品种每亩播种量 6～8 千克，二棱品种每亩播种量 8～10 千克。

旱地麦：多棱品种每亩播种量 8～10 千克。

6.2.3 播种方法

条播：理墒跟沟条播或起沟条播，行距 20～25 厘米，播后覆土 2～3 厘米，播种均匀，不重不漏，行距一致，深浅一致。

撒播：整地分墒后，人工撒播，采用小型旋耕机盖种，盖种不能超过 2～3 厘米，每亩需增加播种量 1～2 千克。

7. 施肥

7.1 基本要求

符合 NY/T 496 的规定。

7.2 施肥量

每亩施氮肥（N）11.5～13.8 千克，磷肥（P_2O_5）2.4～3.6 千克，钾肥（K_2O）1.5～2.5 千克。

7.3　施肥方法

氮肥的60%、磷肥、钾肥于播种之前一次性作基肥施用，氮肥的40%作分蘖肥于分蘖期结合灌水或抢雨水施用，长势弱的拔节期适当补施氮肥。

8. 灌水

有条件的田块在出苗期、分蘖期、拔节期、抽穗扬花期、灌浆期据土壤墒情适时灌水3～4次。灌浆期早灌，防止高温逼熟，增加千粒重。要求大水灌入、淹近墒面、表潮里湿、速灌速排，忌漫灌过夜。

9. 病虫害草鼠害防治

9.1　基本要求

农药使用应符合GB/T 8321的规定。

9.2　病害防治

大麦主要病害有白粉病、锈病，在发病初期，选用80%的戊唑醇可湿性粉剂5 000倍液、15%三唑酮可湿性粉剂500倍液或5%已唑醇悬浮剂500～1 000倍液叶面喷施防治1～2次，间隔7～10天喷药一次。

9.3　虫害防治

蚜虫百株虫量达到200头以上时，选用10%吡虫啉可湿性粉剂1 000倍液、或3%啶虫脒水剂2 000～3 000倍液、或2%二甲基二硫醚水剂300～500倍液防治蚜虫1～3次，间隔7～10天喷药一次。

9.4　草害防治

9.4.1　禾本科杂草

禾本科杂草主要有杂草奇异虉草、黑麦草、野燕麦、狗尾草、看麦娘、日本看麦娘、硬草、茵草、赖草、棒头草等。在杂草2～3叶期，选用5%唑啉草酯乳油600～900倍液茎叶喷雾防治。

9.4.2　阔叶杂草

阔叶杂草主要有繁缕、猪殃殃、野芥菜、地肤、柳叶刺蓼、酸模叶蓼、藜、小藜、鬼针草、龙葵、刺儿菜等。在杂草2～3叶期，选用10%苯磺隆可湿性粉剂2 000倍液茎叶喷雾防治。每个生产周期只能使用1次。

9.5　鼠害防治

在播种前、拔节期、成熟期用5%溴敌隆按母液∶温水∶谷物（1∶10∶100）比例制成毒饵诱杀1～3次。

10. 收获与贮藏

10.1 收获

蜡熟末期采用机械或人工收获，留种田收获前去杂去劣。

10.2 贮藏

收获后及时晾晒3～4天，籽粒含水量低于13%，及时精选后入仓贮藏，注意通风、防潮、防虫、防鼠。用作种子的大麦单贮，严防混放混杂。

附录A 适宜烟后种植的部分大麦品种

品种名称	主要特性
保大麦8号	四棱皮大麦，全生育期155天，株型紧凑整齐，长粒、长芒，幼苗半匍匐，春性，植株基部和叶耳紫红色，乳熟时芒紫红色，粒色浅白，株高90厘米左右，穗长6.3厘米左右，生产栽培要求基本苗16万～18万苗/亩、有效穗35万穗/亩左右，穗实粒数40粒左右，千粒重36克左右。分蘖力强，抗倒性中等，抗寒性、抗旱性好，高抗锈病，中抗白粉病和条纹病。籽粒蛋白质含量10.29%、淀粉58.06%、赖氨酸含量0.36%
保大麦12号	四棱皮大麦，全生育期155天，株型紧凑整齐，长粒、长芒、籽粒浅黄色，幼苗半匍匐，春性，株高90厘米左右，穗长6厘米左右，基本苗16万～18万苗/亩，有效穗35万穗/亩左右，穗实粒数41粒左右，千粒重32克左右。分蘖力强，中抗倒伏，抗旱、抗寒性好，高抗条锈病、白粉病、条纹病。籽粒蛋白质含量9.78%、淀粉含量57.1%、赖氨酸含量0.34%
保大麦13号	四棱皮大麦，全生育期155天，春性，幼苗直立，株型紧凑，长粒、长芒，株高85厘米左右，穗长6厘米左右，基本苗16万～18万苗/亩，最高茎蘖数61万苗/亩左右，有效穗36万穗/亩左右，成穗率66%左右，穗实粒数40粒左右，千粒重33克左右。分蘖力强，中抗倒伏，高抗条锈病，中抗白粉病、条纹病。籽粒蛋白质含量10.63%、淀粉含量57.01%、赖氨酸含量0.35%
保大麦14号	四棱皮大麦，幼苗半直立，长芒，无花青素，叶片深绿，植株整齐，穗层整齐，穗直立。生育期156天左右，比对照保大麦8号提早5天；株高94～100厘米，穗长7.3厘米，有效穗22万～30万穗/亩，穗实粒48～55粒，属大穗型品种，结实率85.2%～89.3%；千粒重35～38克。中抗白粉病、条纹病，高抗锈病。籽粒蛋白质含量10.3%、淀粉含量56.08%、赖氨酸含量0.39%

（续）

品种名称	主要特性
保大麦 16 号	四棱皮大麦，全生育期 147 天，幼苗半直立，分蘖力中等，株型紧凑，长粒、长芒，穗大粒多，株高 85 厘米左右，抗倒伏，穗长 7 厘米左右，基本苗 15 万～18 万苗/亩，有效穗 25 万穗/亩左右，成穗率 62.1%，实粒数 50 粒左右，属大穗型品种，结实率 85.7%，千粒重 38 克左右。高抗白粉病、锈病。籽粒蛋白质含量 10.08%、淀粉含量 55.99%、赖氨酸含量 0.36%
保大麦 20 号	四棱皮大麦，全生育期 151 天，幼苗半直立，分蘖力强，株型紧凑，籽粒纺锤形、长芒，穗大粒多，株高 95 厘米左右，抗倒伏，穗长 7.3 厘米左右，基本苗 15 万～18 万苗/亩，有效穗 28.5 万穗/亩左右，成穗率 60%，实粒数 48 粒左右，属大穗型品种，结实率 85.7%，千粒重 37 克左右。中抗白粉病，高抗锈病、条纹病。籽粒蛋白质含量 9.57%、淀粉含量 52.01%、赖氨酸含量 0.31%
保大麦 22 号	二棱皮大麦，全生育期 145 天，幼苗半匍匐，分蘖力强，株型紧凑，长芒、籽粒椭圆形，无花青素；穗半直立，穗层整齐。株高 80 厘米左右，高抗倒伏，穗长 7.6 厘米左右，基本苗 18 万～20 万苗/亩，有效穗 50 万～60 万穗/亩，成穗率 60%，穗实粒数 22～24 粒，千粒重 45 克左右。高抗白粉病、锈病、条纹病。蛋白质含量 9.9%、浸出物含量 78.6%、α-氨基氮含量 143 毫克/100 克、总氮含量 1.61%、可溶氮含量 0.66%、库值 41%、黏度 1.86 帕斯卡·秒、色度 4.5 EBC、糖化力 210WK、脆度 61.3%

第二节　早秋大麦避旱高产栽培技术规程

本文件主要起草单位：云南省现代农业麦类产业技术体系、云南省农业科学院粮食作物研究所。

为应对云南冬春干旱，提高土地利用率，减少农户投入，增加农户收入，特制定本技术指导意见。

一、品种选择

选择已经通过审定的春性早熟品种。如云大麦 1 号、云大麦 2 号、云大麦 10 号、云大麦 14 号、保大麦 8 号、保大麦 14 号等。

二、种子处理

播种前晒种 1～2 天，采用杀菌剂和杀虫剂各计各量，混合拌种或种子包衣，防治蝼蛄、蛴螬、金针虫等地下害虫，控制苗期白粉病、锈病，并兼治纹枯病、黑穗病等。用40%甲基异柳磷乳油或40%辛硫磷乳油和粉锈宁，按种子量0.03%的有效成分拌种。

三、整地和土壤处理

大春收获后及时灭茬、施肥，随耕随耙，多蓄秋雨。耕地前，每亩用40%辛硫磷乳油或40%甲基异柳磷乳油0.3千克，兑水1～2千克，拌细土25千克制成毒土，耕地前均匀撒施于地面，随犁地翻入土中，防治地下害虫。

四、科学配方施肥

早秋大麦按照“前促、中补、后控”施肥原则，采取有机、无机肥料相结合，氮、磷、钾平衡施肥，增施微肥，做到科学配方施肥，减少肥料浪费和环境污染，实现绿色高效生产。底肥每亩施入有机肥2 000～4 000千克、尿素10～15千克、磷肥（P_2O_5）8.0～10.0千克、钾肥（K_2O）10.0～12.0千克、硫酸锌和硫酸锰各1.5千克，犁后撒在垡头耙入作底肥；早秋麦分蘖期，抢雨水追施尿素15～20千克作分蘖肥；抽穗灌浆期干旱缺水，可叶面喷施0.3%磷酸二氢钾和1%尿素2～3次。若同时发生锈病、白粉病和蚜虫危害时，每亩可选用粉锈宁、抗蚜威、磷酸二氢钾等药剂各计各量，现配现用，混合机械喷施，一喷多防。或每亩选用15%的三唑酮可湿性粉剂100克、50%的抗蚜威可湿性粉剂15克、10%的吡虫啉湿性粉剂10克、0.3%的磷酸二氢钾100克兑水50千克喷雾，各计各量、现配现用，混合喷施。

五、适期播种和增量播种

为避过冬春干旱，播期宜早，一般在8月下旬至9月中旬土壤水分充足的情况下抢墒播种，每亩播种量12～15千克。

六、早秋大麦中后期管理

生育前期雨水较多，温度较高，病虫害草害较重，12月至翌年一二月处在抽穗灌浆期，降水少，温度低，常发生冻害和干旱。因此，田间管理区别于正季麦。

（一）低温冻害的应对

密切关注天气变化，预报有大幅降温天气时应提前采取霜前灌水，熏烟防霜、叶面喷施防冻剂、遇霜及冷（冻）害后及时补肥。

（二）冬春连旱的应对

应对冬春连旱，播种上改顺风播种为迎风播种；播种后用粗肥、秸秆等覆盖物覆盖，减少水分蒸发；叶面喷施石蜡等抗旱剂，减少叶面蒸发，提高植株抗旱能力。

（三）病虫害防治

生长后期主要虫害为蚜虫，应采取“挑治苗蚜、主治穗蚜”的策略。在拔节期、抽穗期用吡蚜酮防治蚜虫2～3次；培育种类繁多的天敌；采用黄色黏稠物诱捕雌性蚜虫，若同时发生锈病、白粉病和蚜虫为害时，采用上述一喷多防技术。

（四）草害防治

除人工除草外，可用省工、省本、高效的无毒化学除草剂除草，注意除草剂种类、施用适期和浓度，以免引起药害和残留。杂草2～3叶时，用爱秀（5％唑啉草酯乳油）800毫升/亩＋10％苯磺隆粉剂20克/亩或大骠马（6.9％精噁唑禾草灵乳剂）30毫升/亩＋10％苯磺隆粉剂20克/亩兑水45千克/亩喷雾。

（五）鼠害、鸟害防治

早秋大麦成熟早，容易发生鸟害和鼠害。对于鸟害，采用人工驱鸟、田间扎草人、模拟声音等办法。对于鼠害，进行人工灭鼠、药物毒鼠等办法。在孕穗前鼠饥荒时期，统一投放毒饵进行诱杀。

七、收获及仓储管理

为保证大麦品质和产量，人工收获的应在蜡熟期即茎叶75％以上枯黄时人工收获；若机械收获，应在完熟期即所有植株枯黄后收获。

第三节　核桃林下套种大麦栽培技术规程（DB 5305/T 38—2020）

本文件主要起草单位：保山市农业科学研究所。

1. 范围

本标准规定了核桃林下套种大麦的术语和定义、适宜区域、品种选择和种子处理、整地与播种、施肥、病虫草害防治、收获与贮藏技术。本标准适用于核桃种植区域林下套种大麦。

2. 规范性引用文件

下列文件中的条款通过本标准的引用而成为本标准的条款。凡是注明日期的引用文件，随后所有的修改单（不包括勘误的内容）或修订版均不适用于本标准。凡是不注日期的引用文件，其最新版本适用于本标准。

GB 4404.1 粮食作物种子　禾谷类

GB 15671 主要农作物包衣种子技术条件

3. 术语和定义

下列术语和定义适用于本标准。

3.1　核桃林下套种大麦

在人工种植的核桃林下于核桃落叶后在其株行间播种大麦的种植方式。

3.2　分蘖期

田间有 50%以上的第一分蘖芽露出叶鞘 1 厘米以上的时期。

3.3　拔节期

手指压摸田间有 50%以上的主茎基部第一节离地面 1～2 厘米的时期。

3.4　抽穗期

目测田间有 50%植株的穗部顶端小穗（不连芒）露出剑叶 50%以上的时期。

3.5　扬花期

目测田间有 50%麦穗小花开裂，黄色花药外露的时期。

3.6 蜡熟期

目测田间50%籽粒颜色由绿逐渐变黄，内部胚乳呈蜡质状，不易被指甲划破的时期。

4. 适宜区域

核桃种植区为缓坡地或台地，海拔1 600～2 000米，年均温12～15℃，年降水量1 200～1 450毫米，无霜期280～300天，土壤类型为沙壤土或壤土，pH 5.5～7.5。

5. 品种选择和种子处理

5.1 良种选择

选用分蘖强、抗旱、抗寒、抗病、耐瘠的多棱大穗型早熟春性品种，主要种植品种保大麦8号、保大麦12号、保大麦13号、保大麦14号、保大麦16号、保大麦20号。

5.2 种子质量

种子质量应符合GB 4404.1的规定。

5.3 种子处理

包衣种子应符合GB 15671的规定。

未包衣的种子，播种前晒种1～2天，采用6%戊唑醇200倍液拌种、晾干，防治大麦条纹病，种干即播，采用30%噻虫嗪悬浮种衣剂20～25倍液拌种，防治蚜虫。

6. 整地与播种

6.1 整地

核桃树落叶后或前作收获后，及时清除前茬秸秆及杂草等，每亩施农家肥1 500～2 000千克，认真整地，做到深耕、土细，不漏耕，耙透耙实耙平，达到土壤疏松、地面平整、无杂草。净墒面1.7～2米，沟宽20厘米，沟深20厘米。

6.2 播种

6.2.1 播种量：每亩播种量8～9千克。

6.2.2 播种期：8月下旬至9月下旬播种。

6.2.3 播种方法

条播：理墒跟沟条播或起沟条播，行距 20～25 厘米，播后覆土 2～3 厘米，播种均匀，不重不漏，行距一致，深浅一致。

撒播：整地分墒后，人工撒播，采用小型旋耕机盖种，盖种不能超过 2～3 厘米，每亩需增加播种量 1～2 千克。

7. 施肥

7.1 施肥量

每亩施纯氮 12.9～15 千克，磷肥 4.8～5.4 千克，钾肥 3～4 千克，如前作是烤烟，每亩可减少磷肥、钾肥用量 1.2～2 千克、1.5～2.5 千克。

7.2 施肥方法

复混肥、磷肥、钾肥和氮肥的 60%于播种之前一次性作基肥施用，氮肥的 40%作分蘖肥于分蘖前期施用。

结合灌水或抢雨水施用，长势弱的拔节期适当补施氮肥。

8. 病虫害草害防治

8.1 病害防治

大麦分蘖盛期、拔节期、抽穗扬花期，视病害发生情况，在发病初期，选用 80%的戊唑醇可湿性粉剂 5 000 倍液，15%三唑酮可湿性粉剂 500 倍液或 5%已唑醇悬浮剂 500～1 000 倍液叶面喷施防治白粉病、锈病 1～2 次，间隔 7～10 天喷药 1 次。

8.2 虫害防治

蚜虫百株虫量达到 200 头以上时，选用 10%吡虫啉可湿性粉剂 1 000 倍液，或 3%啶虫脒水剂 2 000～3 000 倍液、或 2%二甲基二硫醚水剂 300～500 倍液防治蚜虫 1～3 次，间隔 7～10 天喷药 1 次。

8.3 草害防治

杂草 2～3 叶期，选用 5%唑啉草酯乳油 600～900 倍液加 10%苯磺隆可湿性粉剂 2 000 倍液混合后茎叶喷雾防治，主要防治对象为禾本科杂草和阔叶杂草。

9. 收获与贮藏

9.1 收获

蜡熟末期采用机械或人工收获，留种田收获前去杂去劣。

9.2　贮藏

收获后及时晾晒3～4天，籽粒含水量低于13%，贮藏于通风干燥处。用作种子的大麦单贮，严防混放。

第四节　青稞云大麦12号丰产栽培技术规范
（T/YNBX 046—2022）

本文件主要起草单位：云南省农业科学院粮食作物研究所。

1. 范围

本文件规定了青稞云大麦12号栽培技术。

本文件适用于在云南省海拔3 100米以下、年平均气温在0℃以上的地区种植的青稞云大麦12号。

2. 规范性引用文件

下列文件中的内容通过文中的规范性引用而构成本文件必不可少的条款。其中，注明日期的引用文件，仅该日期对应的版本适用于本文件；不注日期的引用文件，其最新版本（包括所有的修改单）适用于本文件。

GB 4404.1 粮食作物种子　禾谷类

NY/T 393 绿色食品　农药使用准则

NY/T 394 绿色食品　肥料使用准则

3. 术语和定义

本文件没有需要界定的术语和定义。

4. 产量指标

产量每公顷6～9吨（每亩400.00～600.00千克）。

5. 产地环境条件

年平均气温0℃以上，有效积温1 400℃以上，水浇地选择地势平坦、排灌方便的地块，旱地选择土壤耕层深厚、土壤结构适宜、理化性状良好、土壤肥力较高的地块。

6. 栽培管理

6.1 备耕

6.1.1 整地及施肥

栽培田块深翻25～30厘米，晒垡。肥土混匀，耙碎整平，按2.6～2.8米开墒。

6.1.2 施肥

结合整地，施入基肥，肥料的选择和使用应符合NY/T 394的要求。统一进行测土配方施肥，施足有机肥，增施磷钾肥。犁田前每亩撒施农家肥2 000～2 500千克、磷肥80～100千克、缓释复合肥25千克（氮15%、五氧化二磷15%、氧化钾15%），硫酸锌2千克、硫酸硼2千克作底肥，撒施耙匀。

6.2 播种

6.2.1 播种时间

一般于10月25日左右播种。

6.2.2 播种量

每亩播种8～10千克，每亩基本苗8万～12万苗。

6.2.3 种子处理

6.2.3.1 选用符合GB 4404.1规定的2级以上良种，播前1～2天晒种。

6.2.3.2 根据病虫发生种类，使用符合NY/T 393要求的农药包衣或拌种，提倡使用包衣种子。选用50%多菌灵可湿性粉剂拌种，用量为种子重量的1.25%（或亩拌种用药量100～150克），拌种均匀，捂闷种子20～24小时，晾干后即可播种。

6.2.4 播种方式

条播，行距23.0厘米，盖土2～4厘米。

6.3 田间管理

6.3.1 灌溉

有灌水条件的地块，在出苗期、分蘖期和灌浆期，及时灌溉，做到1次灌足。

6.3.2 施肥

播前施用10千克尿素作种肥，结合第二次灌水后每亩追施12千克尿素作拔节肥。抽穗期每亩喷施磷酸二氢钾200克作穗肥。

6.3.3　病虫害防治

6.3.3.1　主要病虫害

主要病害有病毒病、云纹叶枯病、条纹病（也叫条斑病）、锈病、白粉病、黑穗病等。

主要虫害为黏虫、蚜虫、金针虫、地老虎、蛴螬等。

6.3.3.2　农业防治

实行轮作倒茬，加强中耕除草，降低病虫源数量；培育无病虫害壮苗；适期播种，使青稞生长避开病虫害高发期。

6.3.3.3　物理防治

采用杀虫灯、黄板、防虫网等诱杀害虫。如每15亩设置一盏杀虫灯，每亩悬挂黄板20片左右，悬挂高度超过植株15～20厘米，用于蚜虫的防治。

6.3.3.4　生物防治

保护和利用瓢虫、阿维蚜茧蜂、黄足螠等自然天敌，控制蚜虫等害虫；利用生物多样性如实施混种、套种、间作等生物技术措施，利用生物水平抗性，减少病虫草害；利用生物农药如球形芽孢杆菌、苏云金杆菌、枯草芽孢杆菌、白僵菌、绿僵菌、阿维菌素、多抗霉素、井冈霉素、农抗120、苦参碱、烟碱、诱虫烯、苏云金杆菌＋昆虫病毒等进行虫害防治。

6.3.3.5　化学防治

6.3.3.5.1　用粉锈宁1 000倍液、甲基托布津200倍液、硫环唑800倍液、消菌灵1 000倍液、多菌灵1 000倍液中任选一种于病害始发期防治青稞病害，每隔7天喷1次，连续3次。

6.3.3.5.2　防治由蚜虫传毒引发的黄矮病毒病，应采取治虫防病的措施，用京绿800倍液、保硕1 000倍液、绿浪2、3＃1 000倍液、90％万灵2 000倍液、20％蚍虫啉800倍液、10％龙大功臣800倍液、40％乐斯本1 000倍液、20％马氰乳油1 000倍液、5％功夫800倍液等，喷施，防治地下害虫及蚜虫、黏虫等害虫。

7. 采收

全田90％植株呈现黄色，籽粒变硬时及时收割，风干后脱粒。

第五节　青稞云青2号丰产栽培技术规范（T/YNBX 047—2022）

本文件起草单位：云南省农业科学院粮食作物研究所、迪庆州农业科学院。

1. 范围

本文件规定了青稞云青2号栽培技术。

本文件适用于在云南省海拔1 400～2 500米地区、冬作种植的青稞云青2号。

2. 规范性引用文件

下列文件中的内容通过文中的规范性引用而构成本文件必不可少的条款。其中，注明日期的引用文件，仅该日期对应的版本适用于本文件；不注日期的引用文件，其最新版本（包括所有的修改单）适用于本文件。

GB 4404.1 粮食作物种子　禾谷类

3. 术语和定义

本文件没有需要界定的术语和定义。

4. 产量指标

产量每公顷6～7.5吨（每亩400～500千克）。

5. 产地环境条件

年平均气温0℃以上，≥0℃有效积温1 400℃以上，水浇地选择地势平坦、排灌方便的地块，旱地选择土壤耕层深厚、通透性良好、pH 6.5～8.0、土壤颗粒粗细均匀、富含多种矿物营养和有机营养等，其中以壤土最为适宜。

6. 栽培方式

轮作：一般轮作方式为青稞→马铃薯→油菜→豆类，或者玉米→青稞。

7. 栽培管理

7.1　备耕

7.1.1　整地

前茬收获后及时翻犁灭茬，清洁田园，清除病虫寄主深翻 25～30 厘米，晒垡。肥土混匀，耙碎整平，按 2.5～3.0 米开墒。

7.1.2　基肥

结合整地，施入基肥，肥料的选择和使用应符合 NY/T 394 的要求。每亩施经无害化处理的有机肥 1 000～1 500 千克、缓释复合肥 80～100 千克（氮 15%、五氧化二磷 15%、氧化钾 15%），撒施耙匀。

7.2　播种

7.2.1　播种时间

11 月上旬。

7.2.2　播种量

每亩播种 10～12 千克，基本苗每亩 15 万～20 万苗。

7.2.3　种子处理

7.2.3.1　选用符合 GB 4404.1 规定的 2 级以上良种，播前 1～2 天晒种。

7.2.3.2　根据病虫发生种类，使用符合 NY/T 393 要求的农药包衣或拌种，提倡使用包衣种子。选用 50%多菌灵可湿性粉剂拌种，用量为种子重量的 1.25%（或亩拌种用药量 100～150 克），拌种均匀，闷种 20～24 小时，晾干后即可播种。

7.2.4　播种方式

条播，行距 16～20 厘米，盖土 2～4 厘米。

7.3　田间管理

7.3.1　灌溉

有灌水条件的地块，在出苗期、分蘖期和灌浆期，及时灌溉，做到一次灌足。

7.3.2　施肥

播前每亩施用 10 千克尿素作种肥，结合第二次灌水后每亩追施 12 千克尿素作拔节肥。抽穗期每亩喷施磷酸二氢钾 200 克作穗肥。

7.3.3　防倒伏

在促进群体的同时严格控制中期肥水，孕穗期每亩喷施多效唑 50～100

克、健壮素20克，达到控秆防倒伏的目的。

7.3.4 病虫害防治

7.3.4.1 主要病虫害

主要病害有病毒病、云纹叶枯病、条纹病（也叫条斑病）、锈病、白粉病、黑穗病等。

主要虫害为黏虫、蚜虫、金针虫、地老虎、蛴螬等。

7.3.4.2 农业防治

实行轮作倒茬，加强中耕除草，降低病虫源数量；培育无病虫害壮苗；适期播种，使青稞生长避开病虫害高发期。

7.3.4.3 物理防治

采用杀虫灯、黄板、防虫网等诱杀害虫。如每15亩设置一盏杀虫灯，每亩悬挂黄板20片左右，悬挂高度超过植株15～20厘米，用于蚜虫的防治。

7.3.4.4 生物防治

保护和利用瓢虫、阿维蚜茧蜂、黄足蜻等自然天敌，控制蚜虫等害虫；利用生物多样性如实施混种、套种、间作等生物技术措施，利用生物水平抗性，减少病虫草害；利用生物农药如球形芽孢杆菌、苏云金杆菌、枯草芽孢杆菌、白僵菌、绿僵菌、阿维菌素、多抗霉素、井冈霉素、农抗120、苦参碱、烟碱、诱虫烯、“苏云金杆菌＋昆虫病毒”等进行虫害防治。

7.3.4.5 化学防治

7.3.4.5.1 用粉锈宁1 000倍液、甲基托布津200倍液、硫环唑800倍液、消菌灵1 000倍液、多菌灵1 000倍液中任选一种于病害始发期防治青稞病害，每隔7天喷1次，连续3次。

7.3.4.5.2 防治由蚜虫传毒引发的黄矮病毒病，应采取治虫防病的措施，用京绿800倍液、保硕1 000倍液、绿浪2、3＃1 000倍液、90％万灵2 000倍液、20％蚍虫啉800倍液、10％龙大功臣800倍液、40％乐斯本1 000倍液、20％马氰乳油1 000倍液、5％功夫800倍液等，喷施、防治地下害虫及蚜虫、黏虫等害虫。

8. 采收

8.1 收割

全田90％植株呈现黄色，籽粒变硬时及时收割。

8.2　晾晒

收割后及时晾晒，应选择当阳、通风、宽敞的场地进行晾晒。

8.3　储藏

入仓青稞籽粒含水量≤13%，采用干燥、趁热密闭储藏或地面堆积储藏方法，储藏时禁用有毒、有害的包装物。

第六节　保大麦20号生产技术规程（DB 5305/T 56—2021）

本文件主要起草单位：保山市农业科学研究所。

1. 范围

本文件规定了饲料大麦品种保大麦20号的术语和定义、品种选育、特征特性、产量目标、种植区划及主要栽培技术。本文件适用于饲料大麦新品种保大麦20号的品种鉴别及大田生产。

2. 规范性引用文件

下列文件对于本文件的应用是必不可少的。凡是注明日期的引用文件，仅所注日期的版本适用于本文件。凡是不注日期的引用文件，其最新版本（包括所有的修改单）适用于本文件。

GB 3095 环境空气质量标准

GB 4404.1—2008 粮食作物种子　第1部分　和谷类

GB 5084 农田灌溉水质标准

GB/T 8321 农药合理使用准则（所有部分）

GB 15618—2018 土壤环境质量农用土地土壤污染风险管控标准（试行）（发布稿）

GB 15671—2009 农作物薄膜包衣种子技术条件

NY/T 496 肥料合理施用准则　通则

3. 术语和定义

下列术语和定义适用于本文件。

3.1 饲料大麦保大麦20号

饲料大麦保大麦20号于2014年由保山市农业科学研究所育成，属春性，多棱皮大麦，属饲用型专用大麦。

3.2 杂交育种

杂交育种是将父母本杂交，形成不同的遗传多样性，再通过对杂交后代的筛选，获得具有父母本优良性状，且不带有父母本中不良性状的新品种的育种方法。

3.3 分蘖期

田间有50%以上的第一分蘖芽露出叶鞘1厘米以上的时期。

3.4 拔节期

手指压摸田间有50%以上的主茎基部第一节离地面1～2厘米的时期。

3.5 抽穗期

目测田间有50%植株的穗部顶端小穗（不连芒）露出剑叶50%以上的时期。

3.6 扬花期

目测田间有50%麦穗小花开裂，黄色花药外露的时期。

3.7 蜡熟期

目测田间50%籽粒颜色由绿逐渐变黄，内部胚乳呈蜡质状，不易被指甲划破的时期。

4. 品种选育

4.1 母本

保大麦12号　国内育成品种。

4.2 父本

保大麦14号　国内育成品种。

4.3 育种方法

杂交育种。

4.4 登记年份、编号

2019年1月　GDP大麦（青稞）（2018）530066。

4.5 批准登记单位

中华人民共和国农业农村部。

4.6 选育单位

保山市农业科学研究所。

5. 特征特性

5.1 植物学特性

5.1.1 植株性状

幼苗习性：半直立。叶色：深绿。株高：95～100 厘米。株型：紧凑。分蘖力：强。最低位叶叶鞘花青甙显色：无。茎秆节间花青甙显色：无。旗叶叶耳花青甙显色：无。旗叶叶鞘蜡质：强。

5.1.2 穗部性状

棱型：四棱。穗层：整齐。穗长：7.0～7.5 厘米。小穗密度：中。穗形状：柱形。穗姿：直立。芒：长芒、直芒、黄色芒齿。粒型：纺锤形。粒色：黄色。

5.2 生物学特性

5.2.1 生育期

生育期：145～151 天。

5.2.2 抗性

抗病性：中抗白粉病，高抗锈病、条纹病。抗倒伏性：抗倒伏。抗旱性：强。抗寒性：强。

5.3 品质特性

蛋白质含量：10.5%～12.5%。赖氨酸含量：0.28%～0.33%。淀粉含量：52.5%～55.5%。

6. 产量目标

6.1 高产田块

每亩产量 450～500 千克，每亩有效穗 35 万～40 万穗，每穗实粒数 45～50 粒，千粒重 37～39 克。

6.2 中低产田块

每亩产量 350～450 千克，每亩有效穗 28 万～34 万穗，每穗实粒数 43～45 粒，千粒重 34～36 克。

7. 种植区划

7.1 适宜区域

适宜在云南省海拔 1 400～2 100 米水田、旱地冬播种植。年均温 12～16℃，年降水量 1 150～1 500 毫米，无霜期 270～300 天，土壤类型为砂壤土或壤土，pH 5.5～7.5。

7.2 产地环境

7.2.1 土壤环境质量

土壤环境质量应符合 GB 15618—2018 的规定。

7.2.2 环境空气质量

环境空气质量应符合 GB 3095 的规定。

7.2.3 灌溉水质量

灌溉水质量应符合 GB 5084 的规定。

8. 主要栽培技术

8.1 播前准备

8.1.1 种子质量

种子质量应符合 GB 4404.1—2008 的规定。

8.1.2 种子处理

包衣种应符合 GB 15671—2009 的规定。

未包衣的种子，播种前晒种 1～2 天，采用 30%噻虫嗪悬浮种衣剂 20～25 倍液拌种、晾干，防治蚜虫，种干即播。

8.1.3 整地

前作收获后，及时清除前茬秸秆及杂草等，每亩施农家肥1 500～2 000 千克，精耕细作，做到深耕、垡细，不漏耕，耙透耙实耙平，达到土壤疏松、地面平整、无杂草。净墒面 1.7～2 米，沟宽 20～30 厘米，沟深 20 厘米。

8.2 播种

8.2.1 播种量

每亩播种量 8～10 千克。

8.2.2 播种期

旱地 9 月中旬至 10 月上旬播种，水田 10 月中、下旬至 11 月上旬播种。

8.2.3 播种方法

条播：理墒跟沟条播或起沟条播，行距 20～25 厘米，播后覆土 2～3 厘米，播种均匀，不重不漏，行距一致，深浅一致。

撒播：整地分墒后，人工撒播，采用小型旋耕机盖种，盖种不能超过 2～3 厘米，每亩需增加播种量 1～2 千克。

8.3　施肥

8.3.1　基本要求

符合 NY/T 496 的规定。

8.3.2　施肥量

每亩施氮肥（N）13.8～16.1 千克，磷肥（P_2O_5）4.8～5.4 千克，钾肥（K_2O）3～4 千克，如前作是烤烟，每亩可分别减少氮肥（N）、磷肥（P_2O_5）、钾肥（K_2O）用量 1.9～2.3 千克、1.2～2 千克、1.5～2.5 千克。

8.3.3　施肥方法

按照“前促、中补、后控”施氮原则，重施基肥和分蘖肥，拔节期补施少量氮肥作平衡肥，抽穗后控制不施穗肥。氮肥 60%以及磷、钾肥播种前一次性作基肥施用，氮肥的 40%作分蘖肥于分蘖期结合灌水或抢雨水施用，长势弱的田块拔节期适当补施氮肥。

8.4　灌水

在出苗期、分蘖期、拔节期、抽穗扬花期、灌浆期据旱情适时灌水 3～4 次。板墒麦出苗水必灌，增加田间出苗率；灌浆期、成熟期旱灌，防止高温逼熟，增加千粒重。要求大水灌入、淹近墒面、表潮里湿、速灌速排，忌久淹。

8.5　病虫草害防治

8.5.1　基本要求

农药使用应符合 GB/T 8321 的规定。

8.5.2　防治原则

病虫害防治应遵循“预防为主、综合防治”的原则，采用农业生态调控、农业防治、生物防治、物理防治和推广高效、低毒、低残留及绿色防治技术，对病虫草害进行综合治理。

8.5.3　病虫草害防治

保大麦 20 号主要病虫草害防治方法见附录 B。

8.6　收获与贮藏

8.6.1　收获

蜡熟末期采用机械或人工收获，留种田收获前去杂去劣。

8.6.2　贮藏

收获后及时晾晒 3～4 天，籽粒含水量低于 13%，及时精选后入仓贮藏，注意通风、防潮、防虫、防鼠。用作种子的单贮，严防混放混杂。

附录B　保大麦20号主要病虫害草害防治方法

防治对象	药剂种类	防治时期	用量	备注
白粉病	戊唑醇、三唑酮、己唑醇	发病初期喷雾	80%的戊唑醇可湿性粉剂5 000倍液、或15%的三唑酮可湿性粉剂500倍液、或5%的己唑醇悬浮剂500～1 000倍液	间隔7～10天喷药1次
蚜虫	吡虫啉、啶虫脒、二甲基二硫醚	蚜虫百株虫量达到200头以上时喷雾	10%的吡虫啉可湿性粉剂1 000倍液、或3%啶虫脒2 000～3 000倍液、或2%的二甲基二硫醚300～500倍液	间隔7～10天喷药1次
奇异虉草、黑麦草、野燕麦、狗尾草、看麦娘、日本看麦娘、硬草、茵草、鹎草、棒头草等禾本科杂草	唑啉草酯、绿麦隆	杂草2～3叶期，茎叶喷施	5%的唑啉草酯乳油600～900倍液或25%的绿麦隆180倍液喷雾	不推荐该除草剂与2,4-D丁酯、2甲4氯、麦草畏和氯氟吡氧乙酸除草剂混用且每季作物只能使用1次
繁缕、猪殃殃、野芥菜、地肤、柳叶刺蓼、酸模叶蓼、藜、小藜、鬼针草、龙葵、刺儿菜等阔叶杂草	苯磺隆	杂草2～3叶期，茎叶喷施	10%的苯磺隆可湿性粉剂2 000倍液	每季作物只能使用1次

第七节　保大麦13号、14号和16号栽培技术规程（DB 5305/T 37—2020）

本文件主要起草单位：保山市农业科学研究所。

1. 范围

本标准规定了保大麦13号、保大麦14号、保大麦16号的产量目标与品质指标、适宜区域、种子处理、整地与播种、施肥、灌水、病虫草害防治、收获与贮藏技术。

本标准适用于保大麦 13 号、保大麦 14 号、保大麦 16 号的大田生产。

2. 规范性引用文件

下列文件对于本标准的应用是必不可少的。凡是注明日期的引用文件，仅所注日期的版本适用于本标准。凡是不注日期的引用文件，其最新版本（包括所有的修改单）适用于本标准。

GB 4404.1 粮食作物种子禾谷类。

GB 5084—2005 农田灌溉水质标准。

GB 15671 主要农作物包衣种子技术条件。

3. 术语和定义

3.1　板埫麦

水稻收获后，不经过翻耕直接播种大麦后起沟土盖麦的免（少）耕种植方式。

3.2　出苗期

目测田间 50%以上的植株幼芽鞘露出地面 1 厘米的时期。

3.3　分蘖期

目测田间有 50%以上的第一分蘖芽露出叶鞘 1 厘米以上的时期。

3.4　拔节期

手指压摸田间有 50%以上的主茎基部第一节离地面 1～2 厘米的时期。

3.5　抽穗期

目测田间有 50%植株的穗部顶端小穗（不连芒）露出剑叶 50%以上的时期。

3.6　扬花期

目测田间有 50%麦穗小花开裂，黄色花药外露的时期。

3.7　灌浆期

即乳熟期，目测田间 50%麦穗中部小穗的籽粒已经接近正常大小、籽粒内充满乳液的时期。

3.8　蜡熟期

目测田间 50%籽粒颜色由绿逐渐变黄，内部胚乳呈蜡质状，不易被指甲划破的时期。

4. 产量目标与品质指标

4.1 产量目标

4.1.1 保大麦13号产量目标

高产田块每亩产量450～500千克，每亩有效穗33万～35万穗，每穗实粒数40～42粒，千粒重33～35克；中低产田块每亩产量350～450千克，每亩有效穗25万～32万穗，每穗实粒数35～41粒，千粒重30～32克。

4.1.2 保大麦14号产量目标

高产田块每亩产量450～500千克，每亩有效穗25万～28万穗，每穗实粒数53～55粒，千粒重37～39克；中低产田块每亩产量350～450千克，每亩有效穗22万～24万穗，每穗实粒数48～52粒，千粒重35～36克。

4.1.3 保大麦16号产量目标

高产田块每亩产量450～500千克，每亩有效穗27万～30万穗，每穗实粒数48～50粒，千粒重38～40克；中低产田块每亩产量350～450千克，每亩有效穗24万～26万穗，每穗实粒数45～47粒，千粒重35～37克。

4.2 品质指标

籽粒水分≤13%，粗蛋白含量≥10%，赖氨酸含量≥0.35%，淀粉含量≥54.5%。

5. 适宜区域

保大麦13号适宜海拔1 400～2 100米的旱地或水田种植；保大麦14号适宜海拔1 000～2 300米的旱地或水田种植；保大麦16号适宜海拔1 400～1 900米的旱地或水田种植。

6. 种子处理

6.1 种子质量

种子质量应符合GB 4404.1的规定。

6.2 种子处理

6.2.1 包衣种应符合GB 15671的规定。

6.2.2 未包衣的种子，播种前晒种1～2天，采用6%戊唑醇200倍液拌种、晾干，防治大麦条纹病，种干即播，采用30%噻虫嗪悬浮种衣剂20～25倍液拌种、晾干，防治蚜虫。

7. 整地与播种

7.1 整地

前作收获后，及时清除前茬秸秆及杂草等，每亩施农家肥1 500～2 000 千克，认真整地，做到深耕、垡细，不漏耕，耙透耙实耙平，达到土壤疏松、地面平整、无杂草。净墒面 1.7～2 米，沟宽 30 厘米，沟深20 厘米。

7.2 播种

7.2.1 播种量

保大麦 13 号、保大麦 16 号每亩播种 8～9 千克，保大麦 14 号每亩播种 9～10千克。

7.2.2 播种期

旱地 9 月中旬至 10 月上旬播种，水田 10 月中下旬至 11 月上旬播种。

7.2.3 播种方法

条播：理墒跟沟条播或起沟条播，行距 20～25 厘米，播后覆土 2～3 厘米，播种均匀，不重不漏，行距一致，深浅一致。

撒播：整地分墒后，人工撒播，采用小型旋耕机盖种，盖种不能超过 2～3 厘米，每亩需增加播种量 1～2 千克。

8. 施肥

8.1 施肥量

每亩施纯氮肥 16.1～18.4 千克，磷肥 4.8～6 千克，钾肥 3～4 千克，如前作是烤烟，每亩可分别减少磷肥、钾肥用量 1.2～2.4 千克、1.5～2.5 千克。

8.2 施肥方法

复混肥、磷肥、钾肥和氮肥的 60％于播种之前一次性作基肥施用，氮肥的 40％作分蘖肥于分蘖前期结合灌水或抢雨水施用，长势弱的田块适当补施氮肥。

9. 灌水

灌溉水质应符合 GB 5084—2005 的规定。

在出苗期、分蘖期、拔节期、抽穗扬花期、灌浆期据土壤墒情适时灌水 3～4 次。板墒麦出苗水必灌，增加田间出苗率；灌浆期早灌，防止高温逼熟，增加千粒重。要求大水灌入、淹近墒面、表潮里湿、速灌速排，忌漫灌过夜。

10. 病虫草害防治

10.1 病害防治

大麦分蘖盛期、拔节期、抽穗扬花期，视病害发生情况，在发病初期，用80%的戊唑醇可湿性粉剂5 000倍液，15%三唑酮可湿性粉剂500倍液或5%己唑醇悬浮剂500～1 000倍液叶面喷施防治白粉病、锈病1～2次，间隔7～10天喷药1次。

10.2 虫害防治

蚜虫百株虫量达到200头以上时，用10%吡虫啉可湿性粉剂1 000倍液，或3%啶虫脒水剂2 000～3 000倍液或2%二甲基二硫醚水剂300～500倍液防治蚜虫1～3次，间隔7～10天喷药1次。

10.3 草害防治

10.3.1 禾本科杂草

杂草2～3叶期，选用5%唑啉草酯乳油600～900倍液茎叶喷雾防治，主要防治对象为：䓣草、黑麦草、野燕麦、狗尾草、看麦娘、日本看麦娘、硬草、茵草、赖草、棒头草等禾本科杂草。

10.3.2 阔叶杂草

杂草2～3叶期，选用10%苯磺隆可湿性粉剂2 000倍液茎叶喷雾防治，主要防治对象为：繁缕、猪殃殃、野芥菜、地肤、柳叶刺蓼、酸模叶蓼、藜、小藜、鬼针草、龙葵、刺儿菜等阔叶杂草；每一个生产周期只能使用1次。

11. 收获与贮藏

11.1 收获

蜡熟末期采用机械或人工收获，留种田收获前去杂去劣。

11.2 贮藏

收获后及时晾晒3～4天，籽粒含水量低于13%，贮藏于通风干燥处。用作种子的单贮，严防混放混杂。

第五章　大麦主要病虫草害及其防治

第一节　大麦主要病害

一、大麦白粉病

1. 症状

大麦白粉病在云南省高产栽培麦田里普遍发生。该病可侵害大麦植株地上部各器官，但以叶片和叶鞘为主，发病重时颖壳和芒也可受害。发病时，叶面出现1～2毫米的白色霉点，后逐渐扩大为近圆形至椭圆形白色霉斑，霉斑表面有一层白粉，遇有外力或振动立即飞散。这些粉状物就是该菌的菌丝体和分生孢子。后期病部霉层变为灰白色至浅褐色，病斑上散生有针头大小的小黑粒点，即病原菌的闭囊壳。

2. 病原

病原菌为 *Blumeria graminis*（DC.）Speer，称禾本科布氏白粉菌大麦专化型，属子囊菌亚门真菌。菌丝体表寄生，蔓延于寄主表面，在寄主表皮细胞内形成吸器吸收寄主营养。在与菌丝垂直的分生孢子梗端，串生10～20个分生孢子，椭圆形，单胞无色，大小（25～30）微米×（8～10）微米，侵染力持续3～4天。病部产生的小黑点，即病原菌的闭囊壳，黑色球形，大小163～219微米，外有发育不全的丝状附属丝18～52根，内含子囊9～30个。子囊长圆形或卵形，内含子囊孢子8个，有时4个。子囊孢子圆形至椭圆形，单胞无色，单核，大小（18.8～23）微米×（11.3～13.8）微米。子囊壳一般在大麦生长后期形成，成熟后在适宜温湿度条件下开裂，放射出子囊孢子。

3. 传播途径和发病条件

病菌靠分生孢子或子囊孢子借气流传播到感病大麦叶片上，遇有温湿度条件适宜，病菌萌发长出芽管，芽管前端膨大形成附着胞和侵入线，穿透叶片角质层，侵入表皮细胞，形成初生吸器，并向寄主体外长出菌丝，后在菌丝丛中产生分生孢子梗和分生孢子，成熟后脱落，随气流传播蔓延，进行多次再侵染。病菌在发育后期进行有性繁殖，在菌丛上形成闭囊壳。

该病菌可以分生孢子段在夏季气温较低地区的自生麦苗或夏麦上侵染繁殖或以潜育状态渡过夏季，也可通过病残体上的闭囊壳在干燥和低温条件下越夏。病菌越冬方式有两种，一是以分生孢子形态越冬，二是以菌线体潜伏在寄主组织内越冬。越冬病菌先侵染底部叶片呈水平方向扩展，后向中上部叶片发展，发病早期发病中心明显。冬麦区春季发病菌源主要来自当地。春麦区，除来自当地菌源外，还来自邻近发病早的地区。

该病发生适温15～20℃，低于10℃发病缓慢。相对湿度大于70%有可能造成病害流行。少雨地区当年雨多则病重，多雨地区如果雨日、雨量过多，病害反而减缓，因连续降水冲刷掉表面分生孢子。施氮过多，造成植株贪青、发病重。管理不当、水肥不足、土地干旱、植株生长衰弱、抗病力低、也易发生该病。此外种植密度大发病重。

4. 防治方法

（1）选用抗病品种。

（2）提倡施用酵素菌沤制的堆肥或腐熟有机肥，采用配方施肥技术，适当增施磷钾肥，根据品种特性和地力合理密植。雨后及时排水，防止湿气滞留。

（3）自生麦苗越夏地区，冬大麦秋播前要及时清除掉自生麦，可大大减少秋苗菌源。

（4）药剂防治。①用种子重量0.03%（有效成分）25%三唑酮（粉锈宁）可湿性粉剂拌种，也可用15%三唑酮可湿性粉剂20～25克拌1亩麦种防治白粉病，兼治黑穗病、条锈病等。②在大麦抗病品种少或病菌小种变异大抗性丧失快的地区，当大麦白粉病病情指数达到1或病叶率达10%以上时，开始喷洒20%三唑酮乳油1 000倍液或40%福星乳油8 000倍液，也可根据田间情况采用杀虫杀菌剂混配做到关键期一次用药，兼治大麦白粉病、锈病等主要病虫害。大麦生长中后期，条锈病、白粉病、穗蚜混发时，每亩用粉锈宁有效成分7克，加抗蚜威有效成分3克，加磷酸二氢钾150克；条锈病、白粉病、吸浆虫、黏虫混发区或田块，每亩用粉锈宁有效成分7克，加40%氧化乐果2 000倍液加磷酸二氢钾150克；赤霉病、白粉病、穗蚜混发区，每亩用多菌灵有效成分 40 克，加粉锈宁有效成分 7 克，加抗蚜威有效成分 3 克，加磷酸二氢钾 150 克，以做到“一喷多防”。

二、大麦条锈病

1. 症状

大麦条锈病主要发生在叶片上，其次是叶鞘和茎秆，穗部、颖壳及芒上也有发生。苗期染病，幼苗叶片上产生多层轮状排列的鲜黄色夏孢子堆。成株叶片初发病时夏孢子堆为小长条状，鲜黄色，椭圆形，与叶脉平行，且排列成行，像缝纫机轧过的针脚一样，呈虚线状，后期表皮破裂，出现锈被色粉状物；大麦近成熟时，叶鞘上出现圆形至卵圆形黑褐色夏孢子堆，散出鲜黄色粉末，即夏孢子。后期病部产生黑色冬孢子堆。冬孢子堆短线状，扁平，常数个融合，埋伏在表皮内，成熟时不开裂，有别于大麦秆锈病。

田间苗期发病严重的条锈病与叶锈病症状易混淆，不好鉴别。大麦叶锈夏孢子堆近圆形，较大，不规则散生，主要发生在叶面，成熟时表皮开裂一圈，有别于条锈病。必要时可把条锈菌和叶锈菌的夏孢子分别放在两个载玻片上，往孢子上滴一滴浓盐酸后镜检，条锈菌原生质收缩成数个小团，而叶锈菌原生质在孢子中央收缩成一个大团。

2. 病原

大麦条锈病病原菌为 *Puccinia striiformis* West. f. sp. *tritici* Eriks et Henn，称条形柄锈菌（大麦专化型），属担子菌亚门真菌。菌丝丝状，有分隔，生长在寄主细胞间隙中，用吸器吸取大麦细胞内养料，在病部产生孢子堆。夏孢子单胞球形，鲜黄色，表面有细刺，大小（32～40）微米×(22～29)微米，有发芽孔 6～12 个。冬孢子双胞，棍棒形，顶部扁平或斜切，分隔处略缢缩，大小（36～68）微米×(12～20）微米，柄短。该菌致病性有生理分化现象，我国已发现 33 个生理小种，分别为条中 1～33 号。条锈菌生理小种很容易产生变异，1950 年以后已出现过 5 次优势小种的改变。

3. 传播途径和发病条件

大麦条锈病菌主要以夏孢子在大麦上完成周年的侵染循环。目前尚未发现病菌的转主寄主。其侵染循环可分为越夏、侵染秋苗、越冬及春季流行四个环节。大麦条锈菌在我国甘肃的陇东、陇南、青海东部、四川西北部等地夏季最热月份旬均温在 20℃以下的地区越冬。秋季越夏的菌源随气流传到我国冬麦区后，遇有适宜的温湿度条件即可侵染冬麦秋苗，秋苗的发病开始多在冬大麦播后1个月左右。秋苗发病变早及多少，与菌源距离和播期早晚有关，距越夏菌源近、播种早则发病重。当平均气温降至1～2℃时，条锈菌开始进入越冬阶段，当旬均温上升至5℃时显症产孢，如遇春雨或结露，病害扩展蔓延迅速，引致春季流行，成为该病主要为害时期。在具有大面积感病品种前提下，越冬菌量和春季降水成为流行的两大重要条件。如遇较长时间无雨、无露的干旱情况，病害扩展常常中断。大麦品种抗病性差异明显，但大面积种植具同一抗源的品种，由于病菌小种的改变，往往造成抗病性丧失。

4. 防治方法

该病是气传病害，必须采取以种植抗病品种为主，药剂防治和栽培措施为辅的综合防治策略，才能有效地控制其危害。

（1）选用抗（耐）病品种。在应用抗病品种时，注意抗锈品种合理布局。利用抗病品种群体抗性多样化或异质性来控制锈菌群体组成的变化和优势小种形成。避免品种单一化，但也不能过多，并注意定期轮换，防止抗性丧失。

（2）农业防治。①适期播种，适当晚插，不要过早，可减轻秋苗期条锈病发生。②消除自生麦。③提倡施用酵素菌沤制的堆肥或腐熟有机肥，增施磷钾肥，搞好氮磷钾合理搭配，增强大麦抗病力。速效氮不宜过多、过迟，防止大麦贪青晚熟，加重受害。④合理灌溉，土壤湿度大或雨后注意开沟排水，后期发病重的需适当灌水，减少产量损失。

（3）药剂防治。在缺少抗病品种或原有抗病品种抗锈性丧失，又无接班品种的麦区，需要进行药剂防治。我国先后使用对锈病有效的杀菌剂有敌钠酸、敌锈钠、氟钡制剂、氨基碘酸钙、氟硅脲、萎锈灵、灭菌丹、代森锌等。近年主要推广三唑酮（粉锈宁）、特谱唑（速保利）等。①药剂拌种，用种子重量0.30%（有效成分）三唑酮，即用25%三唑酮可湿性粉剂15克拌麦种150千克或12.5%特谱唑可湿性粉剂60～80克拌麦种50千克。②春季叶面喷雾，大麦拔节或孕穗期病叶普遍率达2%～4%，严重度达1%时开始喷洒20%三唑酮乳油或12.5%特谱唑（烯唑醇、速保利）可湿性粉剂1 000～2 000倍液、25%敌力脱（丙环唑）乳油2 000倍液，做到普治与挑治相结合。大麦锈病、叶枯病、纹枯病混发时，于发病初期，亩用12.5%特谱唑可湿性粉剂20～35克，兑水50～80升喷施效果优异，既防治锈病，又可兼治叶枯病和纹枯病。

三、大麦叶锈病

1. 症状

主要危害大麦叶片，产生疱疹状病斑，很少发生在叶鞘及茎秆上。夏孢子堆圆形至长椭圆形，橘红色，比秆锈病小，较条锈病大，呈不规则散生，在初生夏孢子堆周围有时产生数个次生的夏孢子堆，一般多发生在叶片的正面，少数可穿透叶片。成熟后表皮开裂一圈，散出橘黄色的夏孢子；冬孢子堆主要发生在叶片背面和叶鞘上，圆形或长椭圆形，黑色，扁平，排列散乱，但成熟时不破裂。有别于秆锈病和条锈病。

2. 病原

大麦叶锈病病原菌为 *Puccinia recondita* var. *tritici* Erikss et Henn，称大麦柄锈菌，属担子菌亚门真菌。夏孢子堆大小（0.3～0.5）毫米×(0.1～0.2）毫米。夏孢子单胞，近球形、淡黄色，大小（20～30）微米×(17～22）微米，表面有小刺，散生芽孔 7～10 个。冬孢子单胞、偶有双胞，形状不等，表面光滑，顶端稍厚，有柄。

3. 传播途径和发病条件

叶锈病菌是一种多孢型转主寄生的病菌。在大麦上形成夏孢子和冬孢子，冬孢子萌发产生担孢子，在唐松草和小乌头上形成锈孢子和性孢子。我国尚未证实有转主寄主，仅以夏孢子世代完成其生活史。该菌在华北、西北、西南、中南等广大麦区的自生麦和晚熟春麦上以夏孢子连续侵染的方式越夏，秋季就近侵染秋苗，并向邻近地区传播，其越冬形式和越冬条件与条锈病类似。该菌夏孢子萌发后产生芽管从叶片气孔侵入，气温 20～25℃经 6 天潜育，在叶面上产生夏孢子堆和夏孢子，进行多次重复侵染。秋苗发病后，病菌以菌丝体潜伏在叶片内或少量以夏孢子越冬，冬季温暖地区，病菌不断传播蔓延。北方春麦区，由于病菌不能在当地越冬，病菌则从外地传来，引起发病。冬大麦播种早，出苗早发病重。一般 9 月上中旬播种的易发病，冬季气温高，雪层厚，覆雪时间长，土壤湿度大发病重。毒性强的小种多，能使大麦抗病性丧失，造成大面积发病。

4. 防治方法

（1）种植抗（耐）病品种。

（2）加强栽培防病措施：适期播种，消灭杂草和自生麦苗，雨季及时排水。

（3）药剂防治。①药剂拌种，用种子重量的 0.03%～0.04%（有效成分）叶锈特或用种子重量 0.2%的 20%三唑酮乳油拌种。②提供使用 15%保丰 1 号种衣剂（活性成分为粉锈宁、多菌灵、辛硫磷）包衣种子后自动固化成膜状，播后形成保护圈，且持效期长，用量每千克种子用 4 克包衣防治大麦叶锈病、白粉病、全蚀病效果优异，且可兼治地下害虫。③于发病初期喷洒 20%三唑酮乳油 1 000 倍液，可兼治条锈病、秆锈病和白粉病，隔 10～20 天 1 次，防治 1～2 次。

四、大麦赤霉病

1. 症状

大麦赤霉病又称麦穗枯、烂麦头、红麦头。主要引起苗枯、穗腐、茎基腐、秆腐和穗腐，从幼苗到抽穗都可受害。其中影响最严重的是穗腐。苗腐是由种子带菌或土壤中病残体侵染所致。先是芽变褐，然后根冠随之腐烂，轻者病苗黄瘦，重者死亡，枯死苗湿度大时产生粉红色霉状物（病菌分生孢子和子座）。穗腐是大麦扬花时，先在小穗和颖片上产生水渍状浅褐色斑，渐扩大至整个小穗，小穗枯黄。湿度大时，病斑处产生粉红色胶状霉层。后期其上产生密集的蓝黑色小颗粒（病菌子囊壳）。用手触摸，有突起感觉，不能抹去，籽粒干瘪并伴有白色至粉红色霉。小穗发病后扩展至穗轴，病部枯竭，使被害部以上小穗，形成枯白穗。茎基腐则自幼苗出土至成熟均可发生，麦株基部组织受害后变褐腐烂，致全株枯死。秆腐则多发生在穗下第一、二节，初在叶鞘上出现水渍状褪绿斑，后扩展为淡褐色至红褐色不规则形斑或向茎内扩展。病情严重时，造成病部以上枯黄，有时不能抽穗或抽出枯黄穗。气候潮湿时病部表面可见粉红色霉层。

2. 病原

该病由多种镰刀菌引起。有 *Fusarium graminearum* Schw.，称禾谷镰孢；*F. avenaceum*（Fr.）Sacc.，称燕麦镰孢；*F. culmorum*（W. G. Smith）Sacc.，称黄色镰孢；*F. moniliforme* Sheld.，称串珠镰孢；*F. acuminatum*（Ell. et Ev.）Wr.，称税顶镰孢等，都属于半知菌亚门真菌。优势种为禾谷镰孢（*F. graminearum*），其大型分生孢子镰刀形，有隔膜 3～7 个，顶端钝圆，基部足细胞明显，单个孢子无色，聚集在一起呈粉红色粘稠状。小型孢子很少产生。有性态为 *Gibberella zeae*（Schw.）Petch. 称玉蜀黍赤霉，属子囊菌亚门真菌。子囊壳散生或聚生于寄主组织表面，略包于子座中，梨形，有孔口，顶部呈疣状突起，紫红或紫蓝至紫黑色。子囊无色，棍棒状，大小（100～250）微米×（15～150）微米，内含8个子囊孢子。子囊孢子无色，纺锤形，两端钝圆，多为3个隔膜，大小（16～33）微米×（3～6）微米。

3. 传播途径和发病条件

在稻麦两作区，病菌除在病残体上越夏外，还在水稻、玉米、棉花等多种作物病残体中营腐生生活越冬。翌年在这些病残体上形成的子囊壳是主要侵染源。子囊孢子成熟正值大麦扬花期。借气流、风雨传播，溅落在花器凋萎的花药上萌发，先营腐生生活，然后侵染小穗，几天后产生大量粉红色霉层（病菌分生孢子）。在开花至盛花期侵染率最高。穗腐形成的分生孢子对本田再侵染作用不大，但对邻近晚麦侵染作用较大。该菌还能以菌丝体在病种子内越夏越冬。赤霉病主要通过风雨传播，雨水作用较大。春季气温7℃以上，土壤含水量大于50%形成子囊壳，气温高于12℃形成子囊孢子。在降水或空气潮湿的情况下，子囊孢子成熟并散落在花药上，经花丝侵染小穗发病。迟熟、颖壳较厚、不耐肥品种发病较重；田间病残体菌量大发病重；地势低洼、排水不良、黏重土壤，偏施氮肥、密度大，田间郁闭发病重。

4. 防治方法

（1）选用抗（耐）病品种。目前虽未找到免疫品种，但有一些耐病品种。

（2）农业防治。合理排灌，湿地要开沟排水。收获后要深耕灭茬，减少菌源。适时播种，避开扬花期遇雨。提倡施用酵素菌沤制的堆肥，采用配方施肥技术，合时施肥，忌偏施氮肥，提高植株抗病力。

（3）浸种处理。播种前进行石灰水浸种，用优质生石灰0.5千克，溶在50千克水中，滤去渣滓后静浸选好的麦种30千克，要求水面高出种子10～15厘米，种子厚度不超过66厘米，浸泡时气温20℃浸3～5天，气温25℃时浸2～3天，气温30℃时浸1天即可，浸种以后不再用清水中洗，摊开晾干后即可播种。

（4）药剂防治。①用增产菌拌种。每亩用固体菌剂100～150克或液体菌剂50毫升兑水喷洒种子拌匀，晾干后播种。②防治重点是在大麦扬花期预防穗腐发生，在始花期喷洒50%多菌灵可湿性粉剂800倍液或60%多菌灵盐酸盐（防霉宝）可湿性粉剂1 000倍液、505甲基硫菌灵可湿性粉剂1 000倍液、50%多霉威可湿性粉剂800～1 000倍液、605甲霉灵可湿性粉剂1 000倍液，隔5～7天防治1次即可。此外大麦生长的中后期赤霉病、麦蚜、黏虫混发区，每亩用10%抗蚜威10克加40%禾枯灵100克或60%防霉宝70克加磷酸二氢钾150克或尿素、丰产素等，防效优异。

五、大麦纹枯病

1. 症状

近年大麦纹枯病已成为我国麦区常发病害，在云南省发病相对较少。大麦受纹枯菌侵染后，在各生育阶段出现烂芽、病苗枯死、花秆烂茎、枯株白穗等症状。烂芽，芽鞘褐变，后芽枯死腐烂，不能出土；病苗枯死，发生在3～4叶期，初仅第一叶鞘上现中间灰色，四周褐色的病斑，后因抽不出新叶而致病苗枯死；花秆烂茎，拔节后在基部叶鞘上形成中间灰色，边缘浅褐色的云纹状病斑，病斑融合后，茎基部呈云纹花秆状；枯株白穗，病斑侵入茎壁后，形成中间灰褐色，四周褐色的近圆形或椭圆形眼斑，造成茎壁失水坏死，最后病株因养分、水分供不应求而枯死，形成枯株白穗。此外，有时该病还可形成病侵交界不明显的褐色病斑。发病早的减产20%～40%，严重的形成枯株白穗或颗粒无收。

2. 病原

纹枯病病原菌为 *Ceratobasidium cornigerum*（Borud.）Rogers，称喙角担菌，属担子菌亚门真菌。无性态 *Rhizoctonia cerealis* Vander Hoeven CAG-1称禾谷丝核菌，CAG-1、CAG-3、CAG-6和AGC-1等4个菌丝融合群和 *Rhizoctonia solani* Kühn AG-4、AG-5称立枯线核菌，均属半知菌亚门真菌。两菌的区别，前者的细胞为双核，后者为多核；前者菌丝较细，生长速度较慢，后者菌丝较粗，生长速度较快；前者产生的菌核较小，后者产生的菌核比前者大；两个种均有各自的菌丝融合群。立枯丝核菌菌丝体生长温限7～40℃，适温为26～32℃，菌核在26～32℃和相对湿度95%以上时，经10～12小时，即可萌发产生菌丝，菌丝生长适宜pH为5.4～7.3。相对湿度高于85%时菌丝才能侵入寄主。

3. 传播途径和发病条件

病菌以菌丝或菌核在土壤和病残体上越冬或越夏。播种后开始侵染为害。在田间发病过程可分5个阶段即冬前发病期、越冬期、横向扩展期、严重度增长期及枯白穗发生期。冬前发病期：大麦种发芽后，接触土壤的叶鞘被纹枯菌侵染，症状发生在土表处或略高于土面处，严重时病株率可达50%左右。越冬期：外层病叶枯死后，病株率和病情指数降低，部分季前病株带菌越冬，并成为翌春早期发病重要侵染源。横向扩展期：指春季2月中下旬至4月上旬，气温升高，病菌在麦株间传播扩展，病株率迅速增加，此时病情指数多为1

或2。严重度增长期：4月上旬至5月上中旬，随植株基部节间伸长与病原菌扩展，侵染茎秆，病情指数猛增，这时茎秆和节腔里病斑迅速扩大，分蘖枯死，病情指数升级。枯白穗发生期：5月上中旬以后，发病高度、病叶鞘位及受害茎数都趋于稳定，但发病重的因输导组织受害迅速失水枯死，田间出现枯孕穗和厅白穗。发病适温20℃左右。凡冬季偏暖、早春气温回升快、阴雨多、光照不足的年份发病重，反之则轻。冬大麦播种过早、秋苗期病菌侵染机会多、病害越冬基数高，返青后病势扩展快，发病重。适当晚播则发病轻。重化肥轻有机肥，重氮肥轻磷钾肥发病重。高沙土地纹枯病重于黏土地、黏土地重于盐碱地。

4. 防治方法

应采取农业措施与化防相结合的综防措施，才能有效地控制其为害。

（1）选用抗病（耐）病品种。

（2）施用酵素菌沤制的堆肥或增施有机肥，采用配方施肥技术配合施用氮、磷、钾肥，不要偏施，可改善土壤理化性状和大麦根际微生物生态环境，促进根系发育，增强抗病力。

（3）适期播种，避免早播，适当降低播种量。及时清除田间杂草。雨后及时排水。

（4）药剂防治。①播种前药剂拌种，用种子重量0.2%的33%纹霉净（三唑酮加多菌灵）可湿性粉剂或用种子重量0.03%～0.04%的15%三唑醇（羟锈宁）粉剂、或0.03%的15%三唑酮（粉锈宁）可湿性粉剂或0.012 5%的12.5%烯唑醇（速保利）可湿性粉剂拌种。播种时土壤相对含水量较低则易发生药害，如每1.5千克种子加1.5毫克赤霉素，就可克服上述杀菌剂的药害。②翌年春季冬、春大麦拔节期，每亩用5%井冈霉素水剂7.5克兑水100千克或15%三唑醇粉剂8克兑水60千克或20%三唑酮乳油8～10克兑水60千克，12.5%烯唑醇可湿性粉剂12.5克兑水100千克或50%利克菌200克兑水100千克喷雾，防效比单独拌种的提高10%～30%，增产2%～10%。此外还可选用33%纹霉净可湿性粉剂或50%甲基立枯灵（利克菌）可湿粉400倍液。于大麦拔节孕穗期叶面喷洒。力克麦得，每亩用药量15毫升，兑水15～25千克，防治纹枯病，兼防大麦白粉病和锈病。

六、散黑穗病

1. 症状

散黑穗病主要在穗部发病，病穗比健穗较早抽出。最初病小穗外面包一层灰色薄膜，成熟后破裂，散出黑粉（病菌的厚垣孢子），黑粉吹散后，只残留裸露的穗轴。病穗上的小穗全部被毁或部分被毁，仅上部残留少数健穗。一般主茎、分蘖都出现病穗，但抗病品种有的分蘖不发病。大麦同时受腥黑穗病菌和散黑穗病菌侵染时，病穗上部表出腥黑穗，下部为散黑穗。散黑穗病菌偶尔也侵害叶片和茎秆，在其上长出条状黑色孢子堆。

2. 病原

散黑穗病病原菌 *Ustilago nuda*（*Jens.*）Rostr. 称裸黑粉菌，属担子菌亚门真菌。厚垣孢子球形，褐色，一边色稍浅，表面布满细刺，直径 5～9 微米。厚垣孢子萌发温限 5～35℃，以 20～25℃最适。萌发时生先菌丝，不产生担孢子。侵害大麦，引致散黑穗病，该菌有寄主专化现象，小麦上的病菌不能侵染大麦，但大麦上的病菌能侵染小麦。厚垣孢子萌发，只产生 4 个细胞的担子，不产生担孢子。

3. 传播途径和发病条件

散黑穗病是花器侵染型病害，一年只侵染一次。带菌种子是病害传播的唯一途径。病菌以菌丝潜伏在种子胚内，外表不显症。当带菌种子萌发时，潜伏的菌丝也开始萌发，随大麦生长发育经生长点向上发展，侵入穗原基。孕穗时，菌丝体迅速发展，使麦穗变为黑粉。厚垣孢子随风落在扬花期的健穗上，落在湿润的柱头上萌发产生先菌丝，先菌丝产生 4 个细胞分别生出丝状结合管，异性结合后形成双核侵染丝侵入子房，在珠被未硬化前进入胚珠，潜伏其中，种子成熟时，菌丝胞膜略加厚，在其中休眠，当年不表现症状，次年发病，并侵入第二年的种子潜伏，完成侵染循环。刚产生的厚垣孢子 24 小时后即能萌发，温度范围 5～35℃，最适 20～25℃。厚垣孢子在田间仅能存活几周，没有越冬（或越夏）的可能性。大麦扬花期空气湿度大，常阴雨天利于孢子萌发侵入，形成带病种子多，翌年发病重。

4. 防治方法

（1）温汤浸种。①变温浸种，先将麦种用冷水预浸 4～6 小时，捞出后用 52～55℃温水浸 1～2 分钟，使种子温度升到 50℃，再捞出放入 56℃温水中，使水温降至 55℃浸 5 分钟，随即迅速捞出经冷水冷却后晾干播种。②恒温浸种，把麦种置于 50～55℃热水中，立刻搅拌，使水温迅速稳定至 45℃，浸 3 小时后捞出，移入冷水中冷却，晾干后播种。

（2）石灰水浸种。用优质生石灰 0.5 千克，溶在 50 千克水中，滤去渣滓后静浸选好的麦种 30 千克，要求水面高出种子 10～15 厘米，种子厚度不超过

66厘米，浸泡时间：气温20℃时浸3～5天，气温25℃时浸2～3天，气温30℃时浸1天即可，浸种以后不再用清水冲洗，摊开晾干后即可播种。

七、大麦坚黑穗病

1. 症状

大麦坚黑穗病类似大麦散黑穗病，病株直到抽穗期才表现症状。典型症状是病株的花器、小穗均被破坏，花器内种子部位被一团深褐色至黑色粉状物取代，即冬孢子团。黑粉状物持久包裹在一层银灰色至灰白色薄膜内，包膜较坚硬，不易破裂，冬孢子间具油脂类物质相互黏聚而不易飞散，病穗组织仅存穗轴，有芒的品种病穗残存麦芒。病株抽穗比健康株稍晚，多数病穗能抽出旗叶叶鞘，有的病穗包裹在旗叶叶鞘之内而不能完全抽出。黑粉病菌的冬孢子黑粉团偶尔在叶片或茎节部位形成长条形的症状。病株最上一节的节间长度缩短，株高常较健株略矮。病穗受侵染的严重度不同，从整穗发病到病穗上仅个别种子基部有病菌冬孢子团。此外，病原菌的冬孢子主要黏附在收获的大麦籽粒上，而散落在田间的冬孢子所占比例较小。

病株常较健株略矮。病穗上的小花、小穗均被破坏，变成一团黑粉状物，外被一层银白色至灰白色薄膜。有的残存芒，膜较坚硬，风吹不坏，孢子间具油脂类物质相互黏结着。

2. 病原

病原菌大麦坚黑粉菌*Ustilagohordei*（*Pers.*）Lagerh。属担子菌亚门真菌。冬孢子圆形或椭圆形，直径5～9微米，褐色，半边色较浅，表面光滑，无刺。冬孢子萌发适温20℃，52℃温水中15分钟致死。该菌有5个生理小种，其中C-1、C-2分布很广。

3. 传播途径和发病条件

该病系幼苗侵染型病害，每年只在苗期侵染一次，主要靠种子带菌传播。每年大麦收获脱粒时，散出的冬孢子黏附在麦粒上，播种后，冬孢子萌发，产生先菌丝。先菌丝分成4个细胞，每个细胞的近隔膜处产生一个担孢子，由担孢子萌发产生次生小孢子。小孢子萌发形成菌丝，不同性别的菌丝结合形成双核侵染菌丝，从大麦幼芽鞘侵入，后进入生长点，菌丝体随麦苗生长向上扩展。大麦抽穗前，病菌危害花器或种子，又形成大量冬孢子，出现病穗。这时湿度适宜，部分孢子很快萌发，用先菌丝侵入颖壳及种皮内，潜伏在其中越夏或越冬。

4. 防治方法

（1）药剂浸种。播种前用15%三唑醇可湿性粉剂100克，或20%三唑酮乳油150毫升，或50%多菌灵可湿性粉剂200～300克，配制100千克药液，可浸100千克种子。浸种36～48小时后捞出种子并晾晒干，即可播种，浸种时间可根据温度高低适当延长或缩短。

（2）药剂拌种。可采用占种子量0.3%的50%多菌灵可湿性粉剂拌种，能有效杀灭种子表面携带的大麦坚黑穗病菌冬孢子；15%三唑酮可湿性粉剂拌种，用药量占种子重量的0.2%，防治效果可达100%；50%福美双可湿性粉剂拌种，用药量占种子重量的0.5%；15%三唑醇干拌种剂拌种，用药量占种子重的0.1%。

八、黄矮病

1. 症状

主要表现为叶片黄化，植株矮化。叶片典型症状是新叶发病从叶尖渐向叶基扩展变黄，黄化部分占全叶的1/3～1/2，叶基仍为绿色，且保持较长时间，有时出现与叶脉平行但不受叶脉限制的黄绿相间条纹。病叶较光滑。发病早植株矮化严重，但因品种而异。冬麦发病不显症，越冬期间不耐低温易冻死，能存活的翌春分蘖减少，病株严重矮化，不抽穗或抽穗很小。拔节孕穗期生病的植株稍矮，根系发育不良。抽穗期发病仅旗叶发黄，植株矮化不明显，能提穗，粒重降低。与生理性黄化区别在于，生理性的从下部叶片开始发生，整叶发病，田间发病较均匀。黄矮病下部叶片绿色，新叶黄化，旗叶发病较重，从叶尖开始发病，先出现中心病株，然后向四周扩展。

2. 病原

黄矮病病原为大麦黄矮病毒BYDV，即大麦黄矮病毒，属病毒。分为DAV、GAV、GDV、RMV等株系。病毒粒子为等轴对称正20面体。病叶韧皮部组织的超薄切片在电镜下观察，病毒粒子直径24微米，病毒核酸为单链核糖核酸。病毒在汁液中致死温度65～70℃。能侵染大麦、小麦、燕麦、黑麦、玉米、雀麦、虎尾草、小画眉草、金色狗尾草等。

3. 传播途径和发病条件

蚜虫和灰飞虱是病毒传染的主要载体。黄矮病本来并不是大麦生产中的主要病害，但近年来，由于耕作制度的改变、设施农业的发展以及生态环境的变化等因素，使得传毒昆虫的越冬条件改善，年繁殖代数增加，虫口密度增大。

因而，黄矮病的为害也相应地逐年加重，甚至出现暴发流行的现象。冬麦播种早、发病重；阳坡重、阴坡轻，旱地重、水浇地轻；粗放管理重、精耕细作轻，瘠薄地重。发病程度与麦蚜虫口密度有直接关系，有利于麦蚜繁殖的温度，对传毒也有利，病毒潜育期也较短。冬麦区早春麦蚜扩散是传播大麦黄矮病毒的主要时期。大麦拔节孕穗期遇低温，抗性降低易发生黄矮病。大麦黄矮病毒病流行与毒源基数多少有重要关系，如自生苗等病毒寄主量大，麦蚜虫口密度大易造成黄矮病大流行。

4. 防治方法

（1）选用抗（耐）病品种。

（2）化学防治：黄矮病的治疗虽有困难，但预防却不难做到，关键是掌握蚜虫防治。药剂选择以蚜虫为主要灭杀对象的内吸性农药为宜，如氧乐菊酯、氰久等。

（3）农业防治：田边地埂上的杂草必须挖除干净，蚜虫也要进行灭杀，以控制传染源，切断传播途径。

（4）补救措施：田间如发现植株有明显矮化、丛生、花叶等病状时，应即时拔除。

九、大麦条纹病

1. 症状

大麦植株的地上部分均可受害：苗期：1～2 片幼叶即可发病，但 4～5 片叶以后发生较多。初生浅黄色斑点或短小的条纹，后随叶片生长，病斑逐渐扩展。幼苗出土后，在第 1 个叶片上即可表现症状，最初有散生的淡黄色小点，或沿叶脉产生淡黄色条点，后发展为条纹。拔节后：拔节后症状明显，条纹褐色、赤褐色，其边缘有些黄色晕圈，有些条纹很细，多条，愈合或不愈合，有些条纹很宽，1 个条纹可占叶面积的 3/4。大麦条纹病的颜色和宽度常因品种而异，后期条纹变灰褐色，其上产生分生孢子，病叶撕裂或小撕裂。植株部位：叶鞘和茎秆上发生的条纹较小，分生孢子产生的数量也少。一般 1 个叶片显症后，此后的新生叶片也依次发病，病株分蘖通常全部发病，但也有逃避而不发生的。分蘖期发病严重的，很早即枯死。穗部受害，全部或部分小穗发病，病部灰白色，病健交界处有褐色纹，病穗多不结实或籽粒瘦小。

2. 病原

大麦条纹病病原是禾内脐蠕孢（*Drechslera graminea*（*Rabenh.*）

Shoem.），属半知菌亚门真菌。有性态为麦类核菌（*Pyrenophora gra-minea*（Rabenh.）to et Kurib.），属子囊菌亚门真菌。分生孢子梗3～5个丛生，梗基部膨大，灰色至榄褐色，梗上顶生或侧生1～4个分生孢子，直或略弯，基部常较上端略宽，基细胞呈半球形，具隔膜1～7个，表面光滑，脐部宽3～6微米。次生分生孢子梗及分生孢子较常见，寄生在大麦上。菌丝生长最适温度25℃，最高温度33～34℃，最低温度3～5℃。分生孢子萌发最适温度25℃，有充足水湿时，6～30℃均能正常发芽，温度高，萌发时间短。

3. 传播途径和发病条件

病菌以休眠菌丝潜伏在种子里越冬，可存活2年以上。带菌种子发芽后，休眠菌丝开始长出芽管侵入幼芽，后随植株生长进入幼叶，叶片内的菌丝沿叶脉蔓延，形成长条状病斑，最后达到穗部。大麦扬花期，分生孢子经风雨传播，从花器雌蕊上萌发侵入，沿着柱头蔓延到内颖与种子之间，也有进入种皮的。一部分菌丝侵入子房，最后菌丝胞膜加厚，呈休眠状态，潜伏在种子中越夏或越冬。

大麦抽穗扬花期，如多雨，湿度大，有利于分生孢子的产生、传播、萌发和侵入，增加田间健穗发病机会，使种子带菌率增高，次年便发病重。冬大麦晚播，生长前期气温低，湿度大发病重。病害发生的最适土温为5～10℃，11～15℃发病率便显著减轻，20℃左右发病极轻，24℃以上则不能发病。因而冬麦区播种过迟，春麦区播种过早，土温较低，不利于麦苗迅速出土，但有利于病菌侵染，发病重。

4. 防治方法

种子带菌是传病的主要菌源，因此把好种子关，是防治该病的关键。

（1）农业防治。建立大麦无病留种田，繁育无病种子。播种前晒种1～2天，可提高发芽势和发芽率，早出苗，减轻发病。适时和适当浅播，尽量在土温15℃以上播种。降低土壤湿度，提高土温，促进麦苗早发。注意氮、磷、钾肥配合使用，避免过多磷肥，适当增加氮肥，以促进大麦生长。播种前先将种子在冷水中浸4～5小时，然后在52℃温水中浸5分钟，浸后立即把麦种取出、摊开、冷却、晾干后播种。

（2）药剂防治。用1%生石灰水浸种，方法是用生石灰0.5千克，加清水50千克，浸麦种30千克，防病效果可达100%。石灰水表面的薄膜切勿弄破。浸好以后晒干贮藏，待播种时用。50%福美双1 000～2 000倍液浸种12～24小时。用种子重量0.15%的25%的三唑酮拌种，或用2%立克秀拌种剂

10 克拌麦种 10 千克。

十、大麦网斑病

1. 症状

该病从大麦幼苗至成株期均可发生。幼苗发病时，病斑大都在离叶尖 1～2 厘米处。病菌主要为害叶片和叶鞘，极少发生在茎上。成株发病多从基叶开始，叶尖先变黄，然后其上生轮廓界限不明的褐色病斑，内有纵横交织的暗褐色或黄褐色的细线，似网纹状。病斑较多时，也能合并为断续条纹状。病斑组织枯死，产生少量孢子。颖壳受侵染后也产生褐色病斑，但无网纹。严重发生时造成叶片枯死，使麦株不能抽穗，或穗小粒秕，减产 9%～40%。

2. 病原

大麦网斑病的病原是大麦网斑病原菌，无性时期为大麦网斑长蠕孢菌（*HeIninthos porium* teres Sacc.），属半知菌亚门，长蠕孢属。有性时期为圆核腔菌［*Pyrenophora teres*（*Died.*）Drechler］，子囊菌亚门核腔菌属。子囊孢子于翌年早春成熟。在普通培养基上也易形成子囊壳。分生孢子发芽最适温度为 20～25℃，菌丝发育则以 25℃最盛。病菌抗逆力很强，寿命也长，可以存活 7 年之久。

3. 传播途径和发病条件

潜伏于种皮内的菌丝体和附在种子表面的孢子是主要初侵染源，病残体上的子囊孢子是侵染源。播种带菌种子时，病菌侵入幼苗致病。以后在病部产生分生孢子，靠风、雨传播，引起再侵染。在抽穗扬花期间，花部也可局部受害，使种子带菌。成熟时在麦壳等病残体上形成子囊壳越夏越冬，成为下一个生长季节的侵染源。

4. 防治方法

（1）农业防治。选用抗病品种，选用无病种子，适时早播，避免连作。地下水位高时要做好开沟排湿工作。

（2）药剂防治。用 1%生石灰水浸种，方法是用生石灰 0.5 千克，加清水 50 千克，浸麦种 30 千克，防病效果可达 100%。石灰水表面的薄膜切勿弄破。浸好以后晒干贮藏，待播种时用。50%福美双 1 000～2 000 倍液浸种 12～24 小时。用 2%立克秀拌种剂 10 克拌麦种 10 千克。抽穗前后，用 50%可湿性多菌灵 500～1 000 倍液，或 50%苯菌灵 1 000～1 500 倍液。发病初期喷 50%多菌灵 800 倍液，或 60%多菌灵超微 1 000～1 500 倍液，或 70%代森锰锌500倍液。

第二节　大麦主要虫害

一、大麦蚜虫

1. 症状特征

大麦蚜虫俗称油虫、腻虫、蜜虫，是大麦的主要害虫之一，可对大麦进行刺吸为害，影响大麦光合作用及营养吸收、传导。大麦抽穗后集中在穗部为害，形成秕粒，使千粒重降低造成减产。若虫、成虫常大量群集在叶片、茎秆、穗部吸取汁液，被害处初呈黄色小斑，后为条斑，枯萎、整株变枯至死。麦长管蚜多在植物上部叶片正面为害，抽穗灌浆后，迅速增殖，集中穗部为害。麦二叉蚜喜在作物苗期为害，被害部形成枯斑，其他蚜虫无此症状。麦蚜还能造成间接为害，即传播大麦病毒病，其中以传播大麦黄矮病为害最大。麦蚜的越冬虫态及场所均依各地气候条件不同而不同，南方无越冬期，北方麦区、黄河流域麦区以无翅胎生雌蚜在麦株基部叶丛或土缝内越冬，北部较寒冷的麦区，多以卵在麦苗枯叶上、杂草上、茬管中、土缝内越冬，而且越向北，以卵越冬率越高。从发生时间上看，麦二叉蚜早于麦长管蚜，麦长管蚜一般到大麦拔节后才逐渐加重。麦蚜虫害为间歇性猖獗发生，这与气候条件密切相关。麦长管蚜喜中温不耐高温，要求湿度为40%～80%，而麦二叉蚜则耐30℃的高温，喜干怕湿，湿度35%～67%为适宜。黍缢管蚜在30℃左右发育最快，喜高湿，不耐干旱。一般早播麦田，蚜虫迁入早，繁殖快，为害重；夏秋作物的种类和面积直接关系麦蚜的越夏和繁殖。前期多雨气温低，后期一旦气温升高，常会造成大麦麦蚜的大暴发。

2. 种类及形态特征

大麦蚜虫分布极广，几乎遍及世界各产麦国，我国为害大麦的蚜虫有多种，通常较普遍而重要的有：麦长管蚜、麦二叉蚜、黍缢管蚜、无网长管蚜。在国内除无网长管蚜分布范围较狭外，其余在各麦区均普遍发生，但常以麦长管蚜和麦二叉蚜发生数量最多，为害最重。

麦长管蚜：无翅孤雌蚜体长3.1毫米，宽1.4毫米，长卵形，草绿色至橙红色，头部略显灰色，腹侧具灰绿色斑。触角、喙端节、财节、腹管黑色，尾片色浅；有翅孤雌蚜体长3.0毫米，椭圆形，绿色，触角黑色。

麦二叉蚜：无翅孤雌蚜体长2.0毫米，卵圆形，淡绿色，背中线深绿色，腹管浅绿色，顶端黑色；有翅孤雌蚜体长 1.8 毫米，长卵形。活体绿色，背中线深绿色，头、胸黑色，腹部色浅，触角黑色。

黍缢管蚜：无翅孤雌蚜体长 1.9 毫米，宽卵形，活体黑绿色，嵌有黄绿色纹，被有薄粉，腹管基部四周具锈色纹；有翅孤雌蚜体长 2.1 毫米，长卵形，活体头、胸黑色，腹部深绿色，具黑色斑纹。

3. 生活习性

麦二叉蚜生活习性与长管蚜相似，年生 20～30 代，在多数地区以无翅孤雌成蚜和若蚜在麦株根际或四周土块缝隙中越冬，有的可在背风向阳的麦田的麦叶上继续生活。该虫在我国中部和南部属不全周期型，即全年进行孤雌生殖不产生性蚜世代，夏季高温季节在山区或高海拔的阴凉地区麦类自生苗或禾本科杂草上生活。在麦田春、秋两季出现两个高峰，夏天和冬季蚜量少。秋季冬麦出苗后从夏寄主上迁入麦田进行短暂的繁殖，出现小高峰，为害不重，气温高于 6℃开始繁殖，低于 15℃繁殖率不高，气温高于 16℃，麦苗抽穗时转移至穗部，虫口数量迅速上升，直到灌浆和乳熟期蚜量达高峰，气温高于 22℃，产生大量有翅蚜，迁飞到冷凉地带越夏。麦二叉蚜 7℃以下存活率低，22℃胎生繁殖快，30℃生长发育最快，42℃迅速死亡。黍缢管蚜在 30℃左右发育最快，喜高湿、不耐干旱。

4. 防治方法

（1）预测预报。当孕穗期有蚜株率达 50%，百株平均蚜量 200～250 头或滔浆初期有蚜株率 70%，百株平均蚜量 500 头时即应进行防治。

（2）农业防治。①选用抗虫品种。②适时集中播种，冬麦适当晚播，春麦适时早播。③合理施肥浇水。

（3）生物防治。减少或改进施药方法，避免杀伤麦田天敌。充分利用瓢虫、食蚜蝇、草蛉、蚜茧蜂等天敌。

（4）药剂防治。为了保护天敌，尽量选用对天敌杀伤力小的农药。①苗期治蚜，用 0.3%的 75% 3911 乳油，加种子量 7%左右的清水，喷洒在麦种上，边喷边搅拌；也可用 50%灭蚜松乳油 150 毫升，兑水 5 千克，喷洒在 50 千克麦种上，堆闷 6～12 小时后播种；用 5%涕灭威颗粒剂、5% 3911 颗粒剂，每亩 21.5 千克盖种，持效期可达 1～1.5 个月。②穗期麦蚜，必要时田间喷洒 2.5%扑虱蚜可湿性粉剂或 10%吡虫啉（一遍净）可湿性粉剂 2 500 倍液或 2.5%高渗吡虫啉可湿性粉剂 3 000 倍液、50%抗蚜威可湿性粉剂 3 500～4 000 倍液、18%高渗氧乐果乳油 1 500 倍液、50%马拉硫磷乳油 1 000 倍液、20%

康福多浓可溶剂或90%快灵可溶性粉剂3 000～4 000倍液、50%杀螟松乳油2 000倍液或2.5%溴氰菊酯乳油3 000倍液。也可选用40%辉丰1号乳油，每亩30毫升，兑水40千克，防效99%，优于40%氧化乐果。

二、大麦吸浆虫

1. 症状特征

吸浆虫不仅危害大麦，还危害小麦、黑麦、鹅冠草等，几乎遍及大麦产区。大麦吸浆虫以幼虫潜伏在颖壳内吸食正在灌浆的麦粒汁液，造成秕粒、空壳。大发生年可形成全田毁灭，颗粒无收。

2. 种类及形态特征

大麦吸浆虫又名麦蛆，分麦红吸浆虫和麦黄吸浆虫两种，属双翅目瘿蚊科。红吸浆虫成虫体长2～2.5毫米，翅展约5毫米，体橘红色。雄虫触角14节，因每节有两个等长的结，每个结上有1圈长环状毛，看似26节；抱雌器基节有齿，端节细，腹瓣狭，比背瓣长，前端有浅刻。雌虫触角每节只1结，环状毛极短。产卵器不长，伸出时不超过腹长之半，末端有2瓣。卵大小约0.32毫米×0.08毫米，长卵形，末端无附属物。幼虫体长3～3.5毫米，橙黄色，体表有鳞状突起，前胸腹面有“Y”形剑骨片，前端有锐角深陷，末节末端有4个突起。蛹体橘红色，头部前1对毛较短。

黄吸浆虫成虫与红吸浆虫相似，主要区别为体鲜黄色，雄虫抱雌器基节无齿；雌虫产卵器很长，伸出时同身体一样长。卵大小为0.25毫米×0.068毫米，末端有透明带状附属物，约与卵等长。幼虫体长2～2.5毫米，黄绿色，入土后为鲜黄色，体表光滑，剑骨片前端有弧形浅裂，末节末端有2个突起。蛹鲜黄色，头部前1对毛较长。

3. 生活习性

两种吸浆虫发生均一年一代，遇不良环境幼虫有多年休眠习性，故也有多年一代。以老熟幼虫在土中结圆茧越冬、越夏。3月上中旬越冬幼虫破茧上升到土表，4月中下旬大量化蛹，蛹羽化盛期在4月下旬至5月上旬，成虫出现后，正值大麦抽穗扬花期，随之大量产卵。在同一地区黄吸浆虫发育历期略早于麦红吸浆虫。成虫羽化后当天或第二天即行交配产卵，红吸浆虫多将卵产在已抽穗尚未扬花的麦穗颖间和小穗间，一处3～5粒，卵期3～5天。黄吸浆虫多产在刚露脸初抽穗麦株的内外颖里面及其侧片上，一处产5～6粒，卵期7～9天。幼虫孵化后，随即转入颖壳，附在子房或刚灌浆的麦粒上吸取汁液为害。幼虫共 3 龄，历期 1.5～20 天，老熟幼虫为害后，爬至颖壳及麦芒上，随雨珠、露水或自动弹落在土表，钻入土中 10～20 厘米处作圆茧越冬。

大麦吸浆虫的发生受气候、品种等多因素影响。越冬幼虫在土温达 10℃以上时破茧活动，土温达到 15℃时化蛹。温度增至 30℃以上时，幼虫恢复休眠，不能化蛹。温度高至 50℃幼虫即死亡。幼虫耐低温不耐高温，因此，越冬死亡率低于越夏死亡率。当温度条件具备时，如越冬幼虫破茧活动与上升化蛹，必须有足够的水分和湿度，在此期间雨水多（或灌溉）羽化率就高，湿度高时，不仅卵的孵化率高，且初孵幼虫活动力强，容易侵入咬害；大麦扬花前后，雨水多，湿度大，吸浆虫为害也就严重；大麦芒少，小穗间空隙大，颖壳扣合不紧密和扬花期长的品种，利其产卵为害重；成虫盛发期与大麦抽穗扬花期吻合发生重，两期错位则发生轻。壤土团粒结构好，土质松软，有相当保水力和渗水性，且温度变差小，最适宜大麦吸浆虫的发生。黏土对其生活不利，沙土更不适宜其生活。麦红吸浆虫幼虫喜碱性土壤，麦黄吸浆虫喜较酸性的土壤。

4. 防治方法

（1）农业生物措施防治。在吸浆虫发生严重的地区，由于害虫发生的密度较大，可通过调整作物布局，实行轮作倒茬，使吸浆虫失去寄主。可实行土地连片深翻，把潜藏在土里的吸浆虫暴露在外，促其死亡，同时加强肥水管理，春灌是促进吸浆虫破茧上升的重要条件，要合理减少春灌，尽量不灌，实行水地旱管。施足基肥，春季少施化肥，促使大麦生长发育整齐健壮，减少吸浆虫侵害的机会。

（2）化学防治。蛹期防治：①毒土：亩用 6％林丹粉 1～1.5 千克；2.5％林丹粉 2～2.5 千克；4.5％甲敌粉或 1.5％甲基 1605 粉 2.5 千克，于其中任选一种拌细土 20～25 千克，再用 2～3 千克水兑上毒土制成手握成团、落地即散、散时没有药粉飞扬、闻不到呛味的毒土。撒毒土时间以上午 10 时后，没有露水为好。撒时要均匀，撒后浇水可提高药效。②熏蒸：亩用 50％敌敌畏乳剂 150 毫升，兑水 3 千克，喷拌在 20 千克的麦糠上，手握成团，落地即散。顺麦拢，一米放一小把，可起到熏蒸杀虫作用，药效持久。

成虫期防治：亩用 50％敌敌畏 50 毫升，50％敌马合剂 100 毫升，50％1605 50 毫升等任一种兑水 50 千克常规喷雾，成虫抗药性不强，凡治麦蚜的药都可用。防治时间最好是晴天、无风、黄昏前后最理想，因为此时吸浆虫最活跃，飞翔于麦穗间产卵，易于着药。而上午 10 时后、下午 4 时前吸浆虫多隐蔽于麦株中下部，不易着药。

三、大麦金针虫

1. 症状特征

幼虫可咬断刚出土的大麦幼苗，也可外入已长大的幼苗根里取食为害，被害处不完全咬断，断口不整齐。大麦抽穗以后金针虫幼虫还能钻蛀到大麦根部节间内，蛀食根节维管组织，呈碎屑状，被害株则干枯死亡。成虫喜啃食大麦苗的叶片边缘或叶片中部叶肉，残留相对一面的叶表皮和纤维状叶脉，被害叶片干枯后，呈不规则残缺破损。大麦金针虫喜欢吮吸折断大麦茎秆中流出的汁液。

2. 种类及形态特征

金针虫是叩头虫科幼虫的统称，主要的金针虫种类有沟金针虫、细胸金针虫、褐纹金针虫三种。叩头虫一般颜色较暗，体形细长或扁平，具有梳状或锯齿状触角。胸部下侧有一个爪，受压时可伸入胸腔。当叩头虫仰卧，若突然敲击其爪，叩头虫即会弹起，向后跳跃。幼虫圆筒形，体表坚硬，蜡黄色或褐色，末端有两对附肢，体长 13～20 毫米。根据种类不同，幼虫期 1～3 年，蛹在土中的土室内，蛹期大约 3 周。成虫体长 8～9 毫米或 14～18 毫米，依种类而异。体黑或黑褐色，头部生有 1 对触角，胸部着生 3 对细长的足，前胸腹板具 1 个突起，可纳入中胸腹板的沟穴中。头部能上下活动似叩头状，故俗称“叩头虫”。幼虫体细长，25～30 毫米，金黄或茶褐色，并有光泽，故名“金针虫”。身体生有同色细毛，3 对胸足大小相同。金针虫每 3 年完成 1 代，以成虫及不同龄期幼虫越冬。

3. 生活习性

金针虫的生活史很长，因不同种类而不同，常需 3～5 年才能完成一代，各代以幼虫或成虫在地下越冬，越冬深度约在 20～85 厘米。土壤温度平均在 10～15℃时活动为害最盛，也是防治的关键时机，土壤温度上升到 20℃时，则向下移动，不再为害，冬季潜居于深层土壤之中越冬。越冬幼虫早春即上升活动为害，10 厘米土温 7～12℃时是为害盛期，超过 17℃停止为害。细胸锥尾金针虫适宜在较低温度下生活，越冬土层浅，早春回升为害期早，秋后也较耐低温，入蛰期迟。金针虫喜湿润环境，在干旱土壤里为害很轻。细胸锥尾金针虫不耐土壤干燥环境，其适宜的土壤含水量为 20%～25%。

4. 防治方法

金针虫幼虫长期在土壤中栖息为害，防治较为困难。根据金针虫的发生规律及田间管理特点，以农业防治为基础，化学防治为主要手段，采取成虫防治与幼虫防治相结合，播种期防治和生长期防治相结合，人工诱杀与药剂治虫相结合，可起到标本兼治的效果。

（1）农业技术措施。

①精耕细作。麦收后及时伏耕，可加重机械损伤，破坏蛹室及蛰后成虫的土室，并可将部分成虫、幼虫、蛹翻至地表，使其遭受不良气候影响和天敌的杀害，增加死亡率。

②适时浇水。浇水可减轻金针虫为害，当土壤湿度达到35%～40%时，金针虫即停止为害，下潜到15～30厘米深的土层中。在早春大麦拔节后，气温回升，金针虫开始活动并为害大麦的基部节间，此时也适逢大麦生长需水时期，因此及时进行浇水，可起到即防虫又能促进大麦高产的效果。

（2）化学药剂防治。

①药剂拌种。采用目前高效无公害的拌种剂丰治或者农治三合一或者氟虫腈进行药剂拌种，减少为害。

②毒土、毒饵治虫。在黄昏时撒在田间麦行，利用地下害虫昼伏夜出的习性，将其杀死。

③灌根。对于冬前大麦出现因金针虫为害造成的死苗，要及早进行灌根，防止虫害的漫延。对于出现虫害的地段要适当增加灌根面积，提高防治效果。

（3）灯光诱杀。利用金针虫成虫趋光性，于成虫发生期在田间地头设置黑光灯诱杀成虫，减少田间虫卵数量。

四、蛴螬

1. 症状特征

蛴螬咬食幼苗嫩茎，当植株枯黄而死时，它又转移到别的植株继续为害。此外，因蛴螬造成的伤口还可诱发其他病害发生。

2. 种类及形态特征

蛴螬是金龟甲的幼虫，别名白土蚕、核桃虫。成虫通称为金龟甲或金龟子。为害多种植物和蔬菜。按其食性可分为植食性、粪食性、腐食性三类。其中植食性蛴螬食性广泛，为害多种农作物、经济作物和花卉苗木，喜食刚播种的种子、根、块茎以及幼苗，是世界性的地下害虫，危害很大。蛴螬体肥大，体型弯曲呈C形，多为白色，少数为黄白色，头部黄褐色，上颚显著，腹部肿胀。体壁较柔软多皱，体表疏生细毛。头大而圆，生有左右对称的刚毛，刚毛数量的多少常为分种的特征。如华北大黑鳃金龟幼虫为3对，黄褐丽金龟幼虫为5对。蛴螬具胸足3对，一般后足较长。腹部10节，第10节称为臀节，臀节上生有刺毛，其数目的多少和排列方式也是分种的重要特征。

3. 生活习性

蛴螬年生代数因种、因地而异。这是一类生活史较长的昆虫，一般1年1代，或2～3年1代，长者5～6年1代，如大黑鳃金龟两年1代，暗黑鳃金龟、铜绿丽金龟1年1代，小云斑鳃金龟在青海4年1代，大栗鳃金龟在四川甘孜地区则需5～6年1代。幼虫和成虫在土中越冬，成虫即金龟子，白天藏在土中，晚上8～9时进行取食等活动。蛴螬有假死和负趋光性，并对未腐熟的粪肥有趋性。成虫交配后10～15天产卵，产在松软湿润的土壤内，以水浇地最多，每头雌虫可产卵100粒左右。幼虫蛴螬始终在地下活动，与土壤温湿度关系密切。当10厘米土温达5℃时开始上升土表，13～18℃时活动最盛，23℃以上则往深土中移动，至秋季土温下降到其活动适宜范围时，再移向土壤上层。因此蛴螬对作物的为害主要是春秋两季最重。土壤潮湿活动加强，尤其是连续阴雨天气，春、秋季在表土层活动，夏季时多在清晨和夜间到表土层。

4. 防治办法

（1）农业防治。实行水、旱轮作；在玉米生长期间适时灌水；不施未腐熟的有机肥料；精耕细作，及时清除田间杂草；大面积春、秋耕，并跟犁拾虫等。发生虫害严重的地区，秋冬翻地可把越冬幼虫翻到地表使其风干、冻死或被天敌捕食，机械杀伤，防效明显；同时，应防止使用未腐熟有机肥料，以防止招引成虫来产卵。

（2）药剂处理土壤。用50%辛硫磷乳油每亩200～250克，加水10倍喷于25～30千克细土上拌匀制成毒土，顺垄条施，随即浅锄，或将该毒土撒于种沟或地面，随即耕翻或混入厩肥中施用；用2%甲基异柳磷粉每亩2～3千克拌细土25～30千克制成毒土；用3%甲基异柳磷颗粒剂、5%辛硫磷颗粒剂或5%地亚农颗粒剂，每亩2.5～3千克处理土壤。

（3）药剂拌种。用50%辛硫磷、50%对硫磷或20%异柳磷药剂与水和种子按1∶30∶（400～500）的比例拌种；用25%辛硫磷胶囊剂或25%对硫磷胶囊剂等有机磷药剂，还可兼治其他地下害虫。

（4）毒饵诱杀。每亩地用25%对硫磷或辛硫磷胶囊剂150～200克拌谷子等饵料 5 千克，或 50%对硫磷、50%辛硫磷乳油 50～100 克拌饵料 3～4 千克，撒于种沟中，亦可收到良好防治效果。

（5）物理方法。有条件地区，可设置黑光灯诱杀成虫，减少蛴螬的发生数量。

（6）生物防治。利用茶色食虫虻、金龟子黑土蜂、白僵菌等。

五、草地贪夜蛾

1. 症状特征

幼虫取食叶片可造成落叶，其后转移为害。有时大量幼虫以切根方式为害，切断种苗和幼小植株的茎，造成很大损失。低龄幼虫取食后，叶脉成窗纱状。老龄幼虫同切根虫一样，可将 30 日龄的幼苗沿基部切断。种群数量大时，幼虫如行军状，成群扩散。环境有利时，常留在杂草中。

2. 种类及形态特征

是夜蛾科灰翅夜蛾属的一种蛾。虫卵：草地贪夜蛾的卵呈圆顶状半球形，直径约为 4 毫米，高约 3 毫米，卵块聚产在叶片表面，每卵块含卵 100～300 粒。卵块表面有雌虫腹部灰色绒毛状的分泌物覆盖形成的带状保护层。刚产下的卵呈绿灰色，12 小时后转为棕色，孵化前则接近黑色，环境适宜时卵 4 天后即可孵化。雌虫通常在叶片的下表面产卵，族群稠密时则会产卵于植物的任何部位。在夏季，卵阶段的持续时间仅为 2～3 天。幼虫：通常有 6 个龄期。幼虫呈绿色，头部呈黑色，头部在第二龄期转为橙色。在第二龄，特别是第三龄期，身体的背面变成褐色，并且开始形成侧白线。在第四至第六龄期，头部为红棕色，斑驳为白色，褐色的身体具有白色的背侧和侧面线。身体背部出现高位斑点，它们通常是深色的，并且有刺。成熟幼虫的面部也标有白色倒“Y”，当仔细检查时可见幼虫的表皮粗糙或呈颗粒状。幼虫期的持续时间在夏季约为 14 天，在凉爽天气期间为 30 天。成虫：羽化后，成虫会从土壤中爬出，飞蛾粗壮，灰棕色，翅展宽度 32～40 毫米，其中前翅为棕灰色，后翅是具有彩虹的银白色。

3. 生活习性

草地贪夜蛾的适宜发育温度为 11～30℃，在 28℃条件下，30 天左右即可完成 1 个世代，而在低温条件下，需要 60～90 天。草地贪夜蛾成虫可在几百米的高空中借助风力进行远距离定向迁飞，每晚可飞行 100 千米。成虫通常在产卵前可迁飞 100 千米，如果风向风速适宜，迁飞距离会更长，成虫具有趋光性，在这段时间内，雌成虫可以多次交配产卵，一生可产卵900～1 000粒。高龄幼虫具有自相残杀的习性。

4. 防治办法

中国目前没有很好的防治措施，应急用药防治措施推荐名单：

单剂：甲氨基阿维菌素苯甲酸盐、茚虫威、四氯虫酰胺、氯虫苯甲酰胺、高效氯氟氰菊酯、氟氯氰菊酯、甲氰菊酯、溴氰菊酯、乙酰甲胺磷、虱螨脲、虫螨腈、甘蓝夜蛾核型多角体病毒、苏云金杆菌、金龟子绿僵菌、球孢白僵菌、短稳杆菌、草地贪夜蛾性引诱剂。

复配制剂：甲氨基阿维菌素苯甲酸盐·茚虫威、甲氨基阿维菌素苯甲酸盐·氟铃脲、甲氨基阿维菌素苯甲酸盐·高效氯氟氰菊酯、甲氨基阿维菌素苯甲酸盐·虫螨腈、甲氨基阿维菌素苯甲酸盐·虱螨脲、甲氨基阿维菌素苯甲酸盐·虫酰肼、氯虫苯甲酰胺·高效氯氟氰菊酯、除虫脲·高效氯氟氰菊酯。

第三节 麦田杂草

一、麦田杂草的主要种类

1. 野燕麦

（1）形态特征。又名乌麦、铃铛麦、燕麦草，禾本科燕麦属，一年生。须根较坚韧，秆直立，光滑无毛，高60～120厘米，具2～4节。第1片真叶带状，先端急尖，叶缘具睫毛，具11条直出平行叶脉，叶舌顶端不规则齿裂，无叶耳，叶片与叶鞘均光滑无毛。第2片真叶带状披针形，其他与前者相似。叶鞘松弛，光滑或基部者被微毛；叶舌透明膜质，长1～5毫米；叶片扁平，长10～30厘米，宽4～12毫米，微粗糙，或上面和边缘疏生柔毛。圆锥花序开展，金字塔形，长10～25厘米，分枝具棱角，粗糙；小穗长18～25毫米，含2～3小花，其柄弯曲下垂，顶端膨胀；小穗轴密生淡棕色或白色硬毛，其节脆硬易断落，第一节间长约3毫米；颖草质，几相等，通常具9脉；外稃质地坚硬，第一外稃长15～20毫米，背面中部以下具淡棕色或白色硬毛，芒自稃体中部稍下处伸出，长2～4厘米，膝曲，芒柱棕色，扭转。颖果被淡棕色柔毛，腹面具纵沟，长6～8毫米。花果期4—9月。

（2）生长及为害。野燕麦是大麦的伴生杂草，由于发生的环境条件一致，苗期形态相似，难以防除，为害极大。野燕麦的生长习性不仅与大麦相似，而且出苗一致，长势凶猛，繁殖率高。成熟比大麦早。由一粒种子长成的野燕麦可有 15～25 个分蘖，最多可达 64 个分蘖；每株结种子 410～530 粒，多的可达 1 250～2 600 粒；种子在土壤中持续 4～5 年均能发芽，有的经过火烧和牲畜胃、肠后仍能发芽。与大麦相比，株高为大麦的 108%～136%。分蘖相当于大麦的 2.3～4.3 倍。单株叶片数、叶面积、根数量相当于大麦的 2 倍，形成对大麦的强烈竞争。大麦因野燕麦为害后，株高降低；分蘖数减少，穗粒数减少，千粒重降低，导致大幅度减产。在我国野燕麦发生严重的地区，大麦一般减产 20%～30%，重者达 40%～50%，更重者造成绝产。在大麦地，每平方米 30～40 株野燕麦的草害程度，每亩造成 20～40 千克损失，每平方米 146 株的严重草害情况下，导致损失高达每亩 60 千克。

2. 看麦娘

（1）形态特征。又名山高粱，禾本科看麦娘属，一年生。秆少数丛生，细瘦、光滑，节处常膝曲，高 15～40 厘米。第 1 片真叶带状，长 1.5 厘米，宽 0.5 厘米，先端锐尖，具直出平行脉 3 条，叶鞘亦具 3 条脉，叶舌膜质，3 深裂，无叶耳，叶及叶鞘均光滑无毛。随后出现的真叶与前者相似。叶鞘光滑，短于节间；叶舌膜质，长 2～5 毫米；叶片扁平，长 3～10 厘米，宽 2～6 毫米。圆锥花序圆柱状，灰绿色，长 2～7 厘米，宽 3～6 毫米；小穗椭圆形或卵状长圆形，长 2～3 毫米；颖膜质，基部互相连合，具 3 脉，脊上有细纤毛，侧脉下部有短毛；外稃膜质，先端钝，等大或稍长于颖，下部边缘互相连合，芒长 1.5～3.5 毫米，约于稃体下部 1/4 处伸出，隐藏或稍外露；花药橙黄色，长 0.5～0.8 毫米。颖果长约 1 毫米。花果期 4～8 月。

（2）生长及为害。主要为害稻茬麦田，地势低洼的麦田受害严重。看麦娘繁殖力强，对大麦易造成较重的为害，且是黑尾叶蝉、白翅叶蝉、灰飞虱、稻蓟马、稻小潜叶蝇、麦田蜘蛛的寄主。

3. 菵草

（1）形态特征。又名水稗子，禾本科菵草属，一年生。疏丛型，秆直立，基部节微膝曲，高 45～80 厘米；光滑无毛。第 1 片真叶带状披针形，具 3 条直出平行脉，叶鞘略呈紫红色，亦有 3 脉，叶舌白色膜质，顶端 2 深裂。第 2 片真叶具 5 条直出平行脉，叶舌三角形，其他与前者相似。叶鞘较节间为长，叶舌透明膜质；叶片扁平，两面粗糙，长 6～15 厘米；穗状花序，有短柄。着生于茎顶，圆锥花序，长 10～25 厘米；小穗通常单生，压扁，近圆形，基都有节，脱落于颖之下，内外颖半圆形，泡状膨大，背面弯曲，稍革质，内外稃等长，膜质，有 2 脉，全株疏被微毛，具芒尖，长约 0.5 毫米；花期，6—9 月；果实长圆形，深黄色，顶端具残存花柱。

（2）生长及为害。适生于水边及潮湿处，为稻茬麦和油菜田主要杂草，尤在地势低洼、土壤黏重的田块为害严重，是其他水湿群落常见的伴生种，又是水稻细菌性褐斑病及锈病的寄主。

4. 硬草

（1）形态特征。禾本科硬草属，一年生或越年生。秆簇生，高 5～15 厘米，自基部分枝，膝曲上升。子叶留土，第 1 片真叶带状披针形，先端锐尖，全缘，有 3 条直出平行脉，叶舌 2～3 齿裂，无叶耳，叶鞘也有 3 条脉，叶片与叶鞘均光滑无毛。第 2 片及以上真叶有极细的刺状齿，有 9 条直出平行脉。叶鞘平滑无毛，中部以下闭合；叶舌短，膜质，顶端尖；叶片线状披针形，无毛，上面粗糙。圆锥花序长约 5 厘米，紧密；分枝粗短；小穗含 3～5 小花，线状披针形，长达 10 毫米，第一颖长约为第二颖长之半，具 3～5 脉；外稃革质，具脊，顶端钝，具 7 脉。

（2）生长及为害。多生长于丘陵、沟渠旁及田间。主要为害旱地大麦，在水量充足的田间无法造成大范围的为害。秋季播麦后日平均温度 16～18℃时 3～5 天，形成出草高峰，即大麦出苗后至一叶期；稻茬麦田出现在播后 20～25 天，次年 3 月份出现第二个出草高峰。

5. 棒头草

（1）形态特征。禾本科棒头草属，一年生。秆丛生，基部膝曲，大都光滑，高 10～75 厘米。第 1 片真叶带状，长 3.3 厘米，宽 0.5 毫米，先端急尖，有 3 条直出平行脉，有 1 片裂齿状的叶舌，无叶耳。第 2 片及以上叶片与叶鞘均光滑无毛，大都短于或下部长于节间；叶舌膜质，长圆形，长 3～8 毫米，常 2 裂或顶端具不整齐的裂齿；叶片扁平，微粗糙或下面光滑，长 2.5～15 厘米，宽 3～4 毫米。圆锥花序穗状，长圆形或卵形，较疏松，具缺刻或有间断，分枝长可达 4 厘米；小穗长约 2.5 毫米（包括基盘），灰绿色或部分带紫色；颖长圆形，疏被短纤毛，先端 2 浅裂，芒从裂口处伸出，细直，微粗糙，长 1～3 毫米；外稃光滑，长约 1 毫米，先端具微齿，中脉延伸成长约 2 毫米而易脱落的芒；雄蕊 3，花药长 0.7 毫米。颖果椭圆形，1 面扁平，长约 1 毫米。花果期 4—9 月。

（2）生长及为害。种子繁殖，以幼苗或种子越冬。10 月中旬至 12 月上中旬出苗，翌年 2 月下旬至 3 月下旬返青，同时越冬种子亦萌发出苗，4 月上旬出穗、开花，5 月下旬至 6 月上旬颖果成熟，盛夏全株枯死。种子受水泡沤，则有利于解除休眠，因而在稻茬麦田，棒头草的发生量远比大豆等旱茬地多。主要为害大麦、油菜、绿肥和蔬菜等作物。

6. 早熟禾

（1）形态特征。又名稍草、小青草、小鸡草、冷草、绒球草等。禾本科早熟禾属，一年生或冬性禾草。种子留土萌发。秆直立或倾斜，质软，高 6～30 厘米，全体平滑无毛。第 1 片真叶带状披针形，长 1.5～2.2 厘米，宽 0.6 毫米，先端锐尖，有 3 条直出平行脉，叶舌三角形膜质，无叶耳，叶鞘也有 3 条脉，叶片与叶鞘均光滑无毛。随后出现的真叶与前者相似，叶鞘稍压扁，中部以下闭合；叶舌长 1～3 毫米，圆头；叶片扁平或对折，长 2～12 厘米，宽 1～4 毫米，质地柔软，常有横脉纹，顶端急尖呈船形，边缘微粗糙。圆锥花序宽卵形，长 3～7 厘米，开展；分枝 1～3 枚着生各节，平滑；小穗卵形，含 3～5 朵小花，长 3～6 毫米，绿色；颖质薄，具宽膜质边缘，顶端钝，第一颖披针形，长 1.5～2 毫米，具 1 脉，第二颖长 2～3 毫米，具 3 脉；外稃卵圆形，顶端与边缘宽膜质，具明显的 5 脉，脊与边脉下部具柔毛，间脉近基部有柔毛，基盘无绵毛，第一外稃长 3～4 毫米；内稃与外稃近等长，两脊密生丝状毛；花药黄色，长 0.6～0.8 毫米。颖果纺锤形，长约 2 毫米。花期 4—5 月，果期 6—7 月。

（2）生长及为害。生于路旁草地、田野水沟或荫蔽荒坡湿地，海拔 100～4 800 米都有分布，是世界广布性杂草。喜光，耐阴性也强，可耐 50%～70% 郁闭度，耐旱性较强。在−20℃低温下能顺利越冬，−9℃下仍保持绿色，抗热性较差，在气温达到 25℃左右时，逐渐枯萎。对土壤要求不严，耐瘠薄，但不耐水湿。

7. 牛繁缕

（1）形态特征。石竹科鹅肠菜属草本植物。全株光滑，绿色，幼茎带紫色。仅花序上有白色短软毛。茎多分枝，柔弱，常伏生地面。子叶卵形。初生叶阔卵形，对生，叶柄有疏生长柔毛，后生叶与初生叶相似，长 2～5.5 厘米，宽 1～3 厘米，顶端渐尖，基部心形，全缘或波状，上部叶无柄，基部略包茎，下部叶有柄。花梗细长，花后下垂；苔片 5，宿存，果期增大，外面有短柔毛；花瓣 5，白色，2 深裂几达基部。蒴果卵形，5 瓣裂，每瓣端再 2 裂。花期 4—5 月，果期 5—6 月。

（2）生长及为害。稻作地区的稻茬夏熟作物田均有发生和为害，而尤以低洼田地发生严重。其为害的主要特点为作物生长前期，与作物争水、肥，争空间及阳光；在作物生长后期，迅速蔓生，并有碍作物的收割，尤其是机械收割。

8. 荠菜

（1）形态特征。又名护生草、稻根子草、地菜、小鸡草、地米菜、菱闸菜、花紫菜等。十字花科，荠属植物荠的通称，一年或二年生草本。子叶阔椭圆形或阔卵形，长 2.5 毫米，宽 1.5 毫米，先端圆，全缘，叶基渐窄，具短柄。下胚轴不发达，上胚轴不发育。初生叶两片，对生，单叶，阔卵形，先端钝圆，全缘，叶基楔形，叶片及叶柄有星状毛或与单毛混生。后生叶为互生，叶形变化很大，第 1 后生叶叶缘开始出现尖齿，继后长出的后生叶叶缘变化更大。幼苗除了子叶与下胚轴外，全株密被星状毛或星状毛与单毛。茎生叶羽状分裂，卷缩，质脆易碎，灰绿色或橘黄色；茎纤细直立，黄绿色，单一或从下部分枝，基生叶丛生呈莲座状，大头羽状分裂，长可达 12 厘米，宽可达 2.5 厘米，顶裂片卵形至长圆形，长 5～30 毫米，宽 2～20 毫米，侧裂片 3～8 对，长圆形至卵形，长 5～15 毫米，顶端渐尖，浅裂、或有不规则粗锯齿或近全缘。总状花序顶生及腋生，果期延长达 20 厘米；花梗长 3～8 毫米；萼片长圆形，长 1.5～2 毫米；花瓣白色，卵形，长 2～3 毫米，有短爪。短角果倒三角形或倒心状三角形，长 5～8 毫米，宽 4～7 毫米，扁平，无毛，顶端微凹，裂瓣具网脉；花柱长约 0.5 毫米；果梗长 5～15 毫米。种子 2 行，长椭圆形，长约 1 毫米，浅褐色。花果期 4—6 月。

（2）生长及为害。荠菜属于耐寒性作物，喜冰凉的气候，在严冬也能忍受零下的低温。生长期短，叶片柔嫩，需要充足的水分，最适宜的土壤湿度为 30%～50%，对土壤要求不严格，一般在土质疏松、排水良好的土地中就可以生长，但以肥沃疏松的黏质土壤较好。土壤酸碱度以 pH 6～6.7 为宜，需要充足的氮肥和日照，忌多湿雨天气。

9. 酸模叶蓼

（1）形态特征。又名大马蓼、旱苗蓼、斑蓼、柳叶蓼。蓼科蓼属一年生草本植物。高 30～200 厘米，茎直立，上部分枝，粉红色，节部膨大。子叶卵形，具短柄。上、下胚轴发达，淡红色。初生叶 1 片，背面密生白色绵毛，具柄，基部具膜质托叶鞘，鞘口平截而无缘毛。叶片宽披针形，大小变化很大，顶端渐尖或急尖，表面绿色，常有黑褐色新月形斑点，两面沿主脉及叶缘有伏生的粗硬毛；托叶鞘筒状，无毛，淡褐色。花序为数个花穗构成的圆锥花序；

苞片膜质，边缘疏生短睫毛，花被粉红色或白色，4 深裂；雄蕊 6；花柱 2 裂，向外弯曲。瘦果卵形，扁平，两面微凹，黑褐色，光亮。花期 6—8 月，果期 7—10 月。

（2）生长及为害。生于低湿地或水边。是春季一年生杂草，发芽适温 15～20℃，出苗深度 5 厘米。主要为害大麦，还为害玉米、薯类、豆类、甜菜、水稻、油菜、棉花等。

10. 猪殃殃

（1）形态特征。茜草科、拉拉藤属植物。多枝、蔓生或攀缘状草本，通常高 30～90 厘米；幼根呈橘黄色；茎有 4 棱角；棱上、叶缘、叶脉上均有倒生的小刺毛。子叶阔卵形，先端微凹。上胚轴四棱形，并有刺状毛。初生叶亦阔卵形，4 片轮生。后生叶纸质或近膜质，6～8 片轮生，稀为 4～5 片，带状倒披针形或长圆状倒披针形，长 1～5.5 厘米，宽 1～7 毫米，顶端有针状凸尖头，基部渐狭，两面常有紧贴的刺状毛，常萎软状，干时常卷缩，1 脉，近无柄。聚伞花序腋生或顶生，花小，花瓣 4 枚，有纤细的花梗；花萼被钩毛，萼檐近截平；花冠黄绿色或白色，辐状，裂片长圆形，长不及 1 毫米，镊合状排列；子房被毛，花柱 2 裂至中部。果干燥，有 1 或 2 个近球状的分果爿，直径达 5.5 毫米，肿胀，密被钩毛，果柄直，长可达 2.5 厘米，较粗，每一爿有 1 颗平凸的种子。花期 3—7 月，果期 4—11 月。

（2）生长及为害。生于海拔 350～4 600 米的山坡、旷野、沟边、河滩、田中、林缘、草地。为害局限于山坡地的麦类和油菜，对麦类作物的危害性要大于油菜。攀缘植物，不仅和作物争阳光、争空间，且可引起作物倒伏，造成更大的减产，并且影响作物的收割。

11. 波斯婆婆纳

（1）形态特征。又名阿拉伯婆婆纳，玄参科，一年至二年生草本植物。铺散多分枝草本，全体被有柔毛。自基部分枝，下部分枝伏生地面，株高 10～15 厘米。子叶出土，阔卵形，先端钝圆，全缘，具长柄，无毛。上下胚轴均发达，密被斜垂弯生毛。初生叶 2 片，对生，卵状三角形，先端钝尖，缘具 2～3 个粗锯齿，并具睫毛，叶基近圆形，叶脉明显，被短柔毛，具长柄；茎基部叶 2～4 对，对生，有柄；上部叶（也称苞片）无柄，互生。叶卵圆形，边缘有钝锯齿。花单生于苞腋，苞片呈叶状，花梗比苞片长，有的超过 1 倍；花萼 4 深裂，裂片狭卵形，有睫毛，三出脉，宿存；花冠淡蓝色、蓝色或蓝紫色，有放射状蓝色条纹；花柄长 1.5～2.5 厘米，长于苞片。雄蕊 2 枚，生于花苞上，短于花冠。蒴果肾形，长约5毫米，宽约7毫米，有网纹，种子舟形或长圆形，腹面凹入，背面具深的横纹，长约1.6毫米。

（2）生长及为害。波斯婆婆纳每年有两次萌发高峰，分别在11月底和3—4月。波斯婆婆纳有很强的无性繁殖能力，茎着土易生出不定根，重新形成植株。主要为害麦类、油菜等夏熟作物，也严重为害玉米、大豆、棉花等秋季作物的幼苗生长，生于路边、宅旁、旱地夏熟作物田，特别是麦田中，对作物造成严重为害，同时成为黄瓜花叶病毒、李痘病毒、蚜虫等多种微生物和害虫的寄主，分布在菠菜、甜菜、大麦等作物根部的病原菌同时也寄生在该种植株上。

二、麦田杂草的特点及发生规律

1. 杂草的发生特点

冬大麦田杂草在10月下旬到11月中旬有一个出苗高峰期，出苗数占总数的95%～98%，翌年3月下旬到4月中旬，还有少量杂草出苗。严重的草害通常来自冬前发生的杂草，密度大，单株生长量大，竞争力强，为害重，是防治的重点。冬前杂草处于幼苗期，植株小，组织幼嫩，对药剂敏感，是防治的有利时机。到翌年春天，杂草耐药性相对增强，则用药效果相对较差。因此，麦田化学除草，应抓住冬前杂草的敏感期施药，可取得最佳除草效果，还能减少某些田间持效期过长的除草剂产生的药害。

2. 麦田杂草发生规律

杂草的共同特点是种子成熟后有90%左右能自然落地，随着耕地播入土壤，在冬麦区有4～5个月的越夏休眠期，其间即便给以适当的温湿度也不萌发，到秋季播种大麦时，随着麦苗逐渐萌发出苗。野燕麦、猪殃殃、播娘蒿、大巢菜和荠菜等麦田杂草与环境的关系为：

（1）种子萌发与温度的关系。猪殃殃和播娘蒿的发育起点温度为3℃，最适温度8～15℃，到20℃发芽明显减少，25℃则不能发芽。野燕麦的发育起点温度为8℃，15～20℃为最适温度，25℃发芽明显减少，40℃则不能发芽。

（2）种子萌发与湿度的关系。土壤含水量15%～30%为发芽适宜湿度，低于10%则不利于发芽。大麦播种期的墒情或播种前后的降水量是决定杂草发生量的主要因素。

（3）种子出苗与土壤覆盖深度的关系。杂草种子大小各异，顶土能力和出苗深度不同。猪殃殃在1～5厘米深处出苗最多，大巢菜在3～7厘米处出苗最多，8厘米处出苗明显减少，野燕麦在3～7厘米处出苗最多，3～10厘米能顺利出苗，超过11厘米出苗受抑制。播娘蒿种子较小，在1～3厘米内出苗最多，超过5厘米一般就不能出苗。

（4）大麦播种期与杂草出苗的关系。杂草种子是随农田耕翻犁耙，在土壤疏松通气良好的条件下才能萌发出苗的。麦田杂草一般比大麦晚出苗10～18天。其中猪殃殃比大麦晚出苗15天，出苗高峰期在大麦播种后20天左右；播娘蒿比大麦晚出苗9天，出苗高峰期不明显，但与土壤表土墒情有关；大巢菜出苗期在麦播后12天左右，15～20天为出苗盛期；荠菜在麦播后11天进入出苗盛期；野燕麦比大麦晚出苗5～15天。麦田杂草的发生量与大麦的播种期密切相关，一般情况下，大麦播种早，杂草发生量大，反之则少。

（5）杂草出草规律。麦田杂草出草危害时间长，受冬季低温抑制，常年有两个出草高峰。第一个出草高峰在播种后10～30天，以禾本科杂草和猪殃殃、荠菜、野豌豆、繁缕、牛繁缕、婆婆纳等为主。第二个出草高峰在开春气温回升以后。早播，秋季雨水多、气温高，麦田冬前出草量大；春季雨量多，麦田春草发生量大；晚茬麦因冬前出草量少，春季出草量较冬前多；如遇秋冬干旱、春季雨水较多的年份，早播麦田冬前出草少，冬后常有大量春草萌发。因为麦田前茬作物不同，麦田杂草发生数量及草相明显不同，旱茬麦田草以阔叶杂草为主，常伴生棒头草、蜡烛草、早熟禾等禾本科杂草；稻茬麦田则以禾本科杂草为主，伴生猪殃殃、稻槎菜，荠菜等阔叶杂草。冬季麦田以禾本科杂草为害为主，春后麦田大巢菜、猪殃殃、荠菜等阔叶杂草生长旺盛，是主要为害期。在冬季气温低，寒流侵袭频繁的年份，麦田冬前萌发的杂草，越冬期常大量自然死亡。

三、麦田杂草的综合防治

1. 轮作倒茬

不同的作物有着不同的伴生杂草或寄生杂草，这些杂草与作物的生存环境相同或相近，采取科学的轮作倒茬，改变种植作物则改变杂草生活的外部生态环境条件，可明显减轻杂草的为害。

2. 深翻整地

通过深翻将前一年散落于土表的杂草种子翻埋于土壤深层，使其不能萌发出苗，同时又可防除苦荬菜、刺儿菜、田旋花、芦苇、扁秆蔗草等多年生杂草，切断其地下根茎或将根茎翻于表面曝晒使其死亡。

3. 土壤处理

（1）播种前施药。在野燕麦发生严重的地块，可在整地播种前亩用40%燕麦畏乳油175～200毫升，加水均匀喷施于地面，施药后须及时用圆片耙纵横浅耙地面，将药剂混入10厘米的土层内，之后播种。对看麦娘和早熟禾也有较好的控制作用。

（2）播后苗前施药。采用化学除草剂进行土壤封闭，对播后苗前的麦田可起到较明显的效果。使用的药剂有：亩用25%绿麦隆可湿性粉剂200～400克，加水50千克，在大麦播后2天喷雾，进行地表处理，或亩用50%扑草净可湿性粉剂75～100克，或亩用50%杀草丹乳油和48%拉索乳油各100毫升，混合后加水喷雾地面，可有效防除禾本科杂草和一些阔叶杂草。

4. 清除杂草

麦田四周的杂草是田间杂草的主要来源之一，通过风力、流水、人畜活动带入田间，或通过地下根茎向田间扩散，所以必须清除，防止扩散。

5. 化学防除

一般年前杂草处于幼苗期，植株小，组织幼嫩，对药剂敏感，而年后随着杂草生长发育植株壮大，组织加强，表皮蜡质层加厚，耐药性相对增强。又由于绝大多数麦田杂草都在年前出苗，所以要改变以往麦田除草多是在春季杂草较大时施药的不良做法，抓住年前杂草小苗的敏感期施药，以取得最佳除草效果，并能减少某些残效期过长的除草剂在年后施药对大麦或后茬作物产生药害的危险性。

（1）以看麦娘、日本看麦娘等禾本科杂草为主的麦田，可选用精恶唑禾草灵（骠马，6.9%EW，拜耳）80～100毫升；或炔草酯（麦极，15%WP，先正达）20～30克；大能（炔草酸·唑啉草酯，50克/升 EC）60～80毫升；或啶磺草胺（优先，7.5%GW，陶氏益农）13克；或异丙隆、高渗异丙隆（快达），有效成分75克，以及上述单剂与苯磺隆等的复配剂，亩兑水40千克均匀喷雾。冬前在麦苗3叶期以前防除，冬后早春防治须适当加大用量。麦极、大能对多种禾本科杂草高效，对大麦安全，药效受低温干旱等环境影响小。野燕麦发生数量较大的麦田，可选用骠马、爱秀在麦苗越冬期防除。

（2）以硬草、䓗草为主的麦田，可选用异丙隆、高渗异丙隆，亩用有效成分75克，用药时间于播后至麦苗3叶期；骠马90～110毫升、麦极30～40克、大能70～90毫升效果也较好，用药时间以冬前杂草齐苗后为好。对早熟禾、硬草发生量大田，可选用世玛（阔世玛：甲基碘磺隆钠盐＋甲基二磺隆），优先在大麦越冬期或早春防除，一般要求冬前气温较高时按规定用量和用药方法施药，在干旱、病害、田间积水、冻害等可能致大麦生长不良的条件下，易出现药害。

（3）以猪殃殃、荠菜等阔叶杂草为主的麦田，冬前或早春使用氯氟吡氧乙酸（使它隆，20%EC，陶氏）20～25毫升、使甲合剂（20%使它隆20～25毫升与20%二甲四氯水剂150毫升混用），苯甲合剂（25%苯达松100～150毫升与20%二甲四氯水剂150毫升混用）、36%奔腾（唑草·苯磺隆）冬前杂草剂苗后亩用5～7.5克，早春亩用7.5～10克防治；对以播娘蒿、麦家公、繁缕为主的麦田，冬前麦苗3叶期左右使用快灭灵（40%唑草酮，FMC）、36%奔腾、75%巨星（苯磺隆）防除。75%巨星干悬剂1克单用或0.5～1克巨星加20%二甲四氯水剂150毫升复配兑水60千克喷雾。双氟黄草胺·唑嘧磺草胺（58克/升麦喜），对猪殃殃、麦家公、大巢菜、泽漆等大多阔叶杂草茎叶处理效果好。巨星宜在杂草齐苗至3叶期用药，应用巨星的麦田，60天内不宜种植阔叶作物。以猪殃殃、大巢菜、繁缕、藜、蓼等杂草为主的麦田可在春季大麦拔节前，气温回升到6～8℃以上时，亩用48%百草敌乳油10～12.5毫升加20%二甲四氯水剂125毫升兑水50～60千克喷雾；上述药剂也可在冬前麦苗进入4叶期后、寒潮前用药，或采用20%使它隆乳油20毫升或25%苯达松水剂100毫升加20%二甲四氯水剂150毫升兑水50～60千克喷雾。

（4）以禾本科与阔叶杂草混生田块，分二次进行，秋播前后防除禾本科杂草，初冬或早春再防除阔叶杂草，或将以上药剂混配混用。

6. 生物防治

利用尖翅小卷蛾防治扁秆藨草等已在实践中取得应用效果，今后应加强此种防治措施的发掘利用，尤其是对某些恶性杂草的防治将是一种经济而长效的措施。

7. 麦田使用除草剂应注意以下几个问题

（1）根据大麦田间杂草种类选用适宜的除草剂品种，任何一种除草剂都有一定的杀草谱，有防阔叶的，有防禾本科的，也有部分禾本科、阔叶兼防的。但一种除草剂不可能有效地防治田间所有杂草，所以除草剂选用不当，防治效果就不会很好，要弄清楚防除田块中有些什么杂草，要根据主要杂草种类选择除草剂。禾本科杂草使用异丙隆，对硬草、看麦娘、蜡烛草、早熟禾均有较好防效。同是麦田禾本科杂草苗后除草剂，骠马不能防除雀麦、早熟禾、节节麦、黑麦草等，而世玛防除以上几种杂草效果很好。麦喜、麦草畏、苯磺隆、噻磺隆、使它隆、快灭灵、苄嘧磺隆等防治阔叶杂草有效，而对禾本科杂草无效。

（2）选择最佳时期施药：土壤处理的除草剂，如乙草胺及其复配剂应在大麦播完后尽早施药，等杂草出苗后用药效果差；绿麦隆、异丙隆作土壤处理时也应播种后立即施药，墒情好，效果好。苗期茎叶处理以田间杂草基本出齐苗时为最佳，所以提倡改春季施药为冬前化除。冬前杂草苗小，处敏感阶段，耐药性差，成本低，效果好；一般冬前天高气爽，除草适期长，易操作；冬前可选用除草剂种类多，安全间隔期长，对下茬作物安全。春季化学除草可作为补治手段。大麦拔节后严禁使用百草敌，否则易引起株高变矮、麦穗畸形、粒数减少和不结实现象；麦苗4叶前使用百草敌会产生葱管叶等药害；使它隆和苯达松对麦苗安全性好，一般不会产生药害，但使用苯达松需待气温升高后使用，否则药效表现较慢。

第六章　云南大麦主栽品种及栽培要点

大麦在云南省常年种植面积380余万亩，是中国种植大麦面积最大的省份。部分主栽品种创造了一大批高产纪录与典型，其中云大麦2号于2009年4月17日在腾冲验收的206亩连片亩产629.6千克，最高单产720.8千克，创下全国百亩连片和我国大麦最高单产两项纪录；云大麦12号于2016年在丽江玉龙县黎明乡验收的亩产608.2千克创造了全国青稞最高产量纪录，2017年在丽江玉龙县黎明乡验收亩产624.75千克，刷新了全国青稞单产纪录；S-4于2018年5月在玉龙县进行高产验收单产达756.6千克，创造全国最高单产纪录；保啤麦26号于2020年4月在丽江市验收亩产749.56千克，是全国大麦单产第二高产。

据统计，截至2021年12月全国共通过农业农村部非主要农作物品种登记大麦（青稞）品种共计192个，其中云南省共登记75个，占全国登记数量的39%，是全国大麦登记第一大省。在云南，大麦主栽品种主要有云南省农业科学院选育的云大麦、云啤麦、云饲麦和云青等系列，保山市农业科学研究所选育的保大麦、保饲麦系列，大理白族自治州农业科学推广研究院选育的凤大麦、凤饲麦、凤啤麦系列。现将云南省部分主栽大麦品种的特征特性及高产栽培技术要点介绍如下。

第一节　云南饲料大麦主栽品种及栽培要点

1. 云大麦1号

登记编号：GPD大麦（青稞）（2020）530010

品种来源：ATACO/ACHIRA//HIGO/3/VORR/4/CHAMICO

选育单位：云南省农业科学院粮食作物研究所

特征特性：饲用。该品种属饲、啤兼用型多棱大麦，弱春性，幼苗半直立，分蘖力中上等，叶色翠绿，株型紧凑，茎秆中粗，株高适中，整齐度好，熟相好，成熟时穗低垂。株高89厘米，生育期155天，比V43早熟3～5天，与S500同期成熟。六棱，长芒，白壳，每穗粒数48粒，千粒重40.3克。蛋白质12.4%，淀粉54.5%，赖氨酸0.44%，葡聚糖3.53%；抗条纹病、条锈病、黄矮病、根腐病、赤霉病，中抗白粉病。

栽培技术要点：①选择排灌方便的中上等肥力田地种植。②播种前晒种1～2天，每亩播9千克左右。③每亩用农家肥2吨，普钙20～30千克，钾肥10～15千克作底肥。④尿素30～35千克，其中7～8千克作种肥，二叶一心施分蘖肥10～15千克，施拔节肥10千克左右。⑤注意灌好出苗、分蘖、拔节、孕穗和灌浆等五水。⑥加强病、虫、草、鼠害防治。

适宜种植区域及季节：适宜云南省海拔1 400～2 300米的大麦生产区种植；适宜播种季节为冬播（10月中旬至11月下旬）。

注意事项：该品种在肥水较好的田块种植时注意防倒伏。

2. 云大麦3号

登记编号：GPD大麦（青稞）（2020）530012

品种来源：BOLDO/MJA//CABUYA/3/CHAMICO/TOCTE//CONGONA

选育单位：云南省农业科学院粮食作物研究所

特征特性：饲用。六棱大麦，弱春性，幼苗半匍匐，株型紧凑，叶片深绿，茎秆粗壮，植株整齐，穗层整齐。成熟时穗低垂，熟相好。株高72厘米，较S500高17厘米，较适中。该品种生育期146天，较S500早1天成熟；穗粒数53粒，实粒数43粒，结实率87.4%；穗长6.7厘米，千粒重40.2克；中感白粉病，抗倒伏。蛋白质12.9%，淀粉46.1%，赖氨酸0.42%，β-葡聚糖3.54%。抗条纹病、条锈病、黄矮病、根腐病、赤霉病，中感白粉病。

栽培技术要点：①适时播种：10月中下旬至11月上旬播种；②适量播种：播种量8～10千克/亩；③灌水施肥：播前施足底肥，在分蘖期、孕穗期、开花期灌水并亩施尿素10千克；④注意蚜虫的防治。

适宜种植区域及季节：适宜云南省海拔900～2 400米的大麦生产区种植；适宜播种季节为冬播（10月中下旬至11月下旬）。

注意事项：注意白粉病的防治。

3. 云大麦5号

登记编号：GPD大麦（青稞）（2020）530014

品种来源：GOB/ALELI//CANELA/3/MSEL

选育单位：云南省农业科学院粮食作物研究所

特征特性：饲用。幼苗直立，六棱，株高 76 厘米，生育期 153 天，较对照晚熟 4 天；穗粒数 44 粒，千粒重 39.6 克。中抗条锈病、高感白粉病、无倒伏。蛋白质 12.4%，淀粉 48.5%，赖氨酸 0.38%，β-葡聚糖 3.56%。抗条纹病、条锈病、黄矮病、根腐病、赤霉病，高抗白粉病。

栽培技术要点：①适时播种：10 月中下旬至 11 月上旬播种；②适量播种：播种量 8～10 千克/亩；③灌水施肥：播前施足底肥，在分蘖期、孕穗期、开花期灌水并亩施尿素 10 千克；④注意蚜虫的防治。

适宜种植区域及季节：适宜云南省海拔 900～2 400 米的大麦生产区种植；适宜播种季节为冬播（10 月中下旬至 11 月下旬）。

4. 云大麦 10 号

登记编号：GPD 大麦（青稞）（2020）530019

品种来源：云大麦 1 号/06YD－6

选育单位：云南省农业科学院粮食作物研究所

特征特性：饲用。六棱大麦，弱春性，幼苗半匍匐，无花青素。穗长 7.6 厘米，穗粒数 49 粒，实粒数 46 粒，结实率 92.5%，株高 60 厘米，平均千粒穗 34.3 克，全生育期 174 天。该品种株高较矮，抗倒性强，生育期较晚。蛋白质 12.8%，淀粉 58.0%，赖氨酸 0.41%，β-葡聚糖 3.38%。抗条纹病、条锈病、黄矮病、根腐病、赤霉病，高抗白粉病。

栽培技术要点：①适时播种：10 月中下旬至 11 月上旬播种。②适量播种：播种量 8～10 千克/亩。③灌水施肥：播前施足底肥，在分蘖期、孕穗期、开花期灌水并亩施尿素 10 千克。④注意蚜虫的防治。

适宜种植区域及季节：适宜云南省海拔 900～2 400 米的大麦生产区种植；适宜播种季节为冬播（10 月中下旬至 11 月下旬）。

5. 云大麦 11 号

登记编号：GPD 大麦（青稞）（2020）530020

品种来源：云大麦 1 号/06YD－9

选育单位：云南省农业科学院粮食作物研究所

特征特性：饲用。四棱大麦，弱春性，幼苗半匍匐，无花青素；叶片深绿，茎秆粗壮，植株整齐，熟相好；该品种株高 63 厘米，较适中，抗倒性强，生育期 148 天；穗粒数 52 粒，实粒数 42 粒，结实率 79.3%；穗长 6.8 厘米，千粒重 39.9 克；中感白粉病，抗倒伏。蛋白质 13.4%，淀粉 45.4%，赖氨酸 0.37%，β-葡聚糖 3.52。抗条纹病、条锈病、黄矮病、根腐病、赤霉病，中感白粉病。

栽培技术要点：①适时播种：10 月中下旬至 11 月上旬播种。②适量播种：播种量 8～10 千克/亩。③灌水施肥：播前施足底肥，在分蘖期、孕穗期、开花期灌水并亩施尿素 10 千克。④注意蚜虫的防治。

适宜种植区域及季节：适宜云南省海拔 900～2 400 米的大麦生产区种植；适宜播种季节为冬播（10 月中下旬至 11 月下旬）。

6. 保大麦 6 号

登记编号：GPD 大麦（青稞）（2017）530010

品种来源：亲本及组合 PYRAMID

选育单位：保山市农业科学研究所；新疆维吾尔自治区奇台试验站

特征特性：饲用。二棱皮大麦，全生育期 160 天，属中晚熟品种，株型紧凑整齐，长粒、长芒，粒色浅白，株高 80 厘米左右，穗长 7 厘米左右，每穗实粒数 24 粒左右，千粒重 40 克左右，幼苗半匍匐、春性。抗倒伏，抗寒、抗旱性好，高抗锈病、白粉病，中抗条纹病。籽粒蛋白质含量为 14.6%。

栽培技术要点：①选择排灌方便的中上等田块，播种前晒种 1～2 天，10 月下旬至 11 月上旬播种，每亩播种 8～10 千克。②合理施肥，每亩施农家肥 1 500～2 000 千克，尿素 20～25 千克，普钙 30～40 千克，硫酸钾 6～8 千克作底肥，在大麦分蘖期每亩追施尿素 20～25 千克。③有条件的地方灌出苗水、分蘖水、拔节水、抽穗扬花水、灌浆水 3～5 次。④防治病虫草害及鼠害。⑤及时进行田间管理和收获。

适宜种植区域及季节：适宜在云南省海拔 1 350～1 700 米高肥力田块种植；适宜播种季节为冬播（10 月下旬至 11 月上旬）。

7. 保大麦 8 号

登记编号：GPD 大麦（青稞）（2017）530012

品种来源：8640 - 1

选育单位：保山市农业科学研究所

特征特性：饲用。四棱皮大麦，全生育期 155 天，株型紧凑整齐，长粒、长芒，幼苗半匍匐，春性，植株基部和叶耳紫红色，乳熟时芒紫红色，粒色浅白，株高 90 厘米左右，穗长 6.3 厘米左右；穗实粒数 40 粒左右，千粒重 36 克左右。分蘖力强，抗倒性中等，抗寒性、抗旱性好，高抗锈病，中抗白粉病和条纹病。籽粒蛋白质含量为 14.3%。

栽培技术要点：①选择排灌方便的中上等田块，播种前晒种 1～2 天，10 月下旬至 11 月上旬播种。②适量播种，田麦 6～8 千克/亩，地麦 8～10 千克/亩，不宜过密，防止倒伏。③合理施肥，氮肥适量，适当增加磷、钾肥施用量，全生育亩施农家肥 1 500～2 000 千克作底肥，施尿素 40 千克/亩，普钙 30 千克/亩，硫酸钾 6～8 千克/亩，其中，尿素分两次施下，种肥占 60%，分蘖肥占 40%，普钙肥和钾肥一次性作种肥与尿素混合拌匀后撒施。④有条件的地方灌出苗水、分蘖水、拔节水、抽穗扬花水、灌浆水 3～5 次。⑤防治病虫草害及鼠害。⑥及时进行田间管理和收获。

适宜种植区域及季节：适宜在云南省海拔 1 000～2 300 米的水田、旱地种植；适宜播种季节为冬播（10 月上旬至 11 月中旬）。

8. 保大麦 12 号

登记编号：GPD 大麦（青稞）（2017）530011

品种来源：V008 - 4 - 1

选育单位：保山市农业科学研究所

特征特性：饲用。四棱皮大麦，全生育期 155 天，株型紧凑整齐，长粒、长芒、籽粒浅黄色，幼苗半匍匐，春性，株高 90 厘米左右，穗长 6 厘米左右，穗实粒数 41 粒左右，千粒重 32 克左右。分蘖力强，中抗倒伏，抗旱、抗寒性好，高抗条锈病、白粉病、条纹病。蛋白质：12.18%

栽培技术要点：①选择排灌方便的中上等田块，播种前晒种 1～2 天，10 月下旬至 11 月上旬播种。②适量播种，田麦 6～8 千克/亩，地麦 8～10 千克/亩，不宜过密，防止倒伏。③合理施肥，氮肥适量，适当增加磷、钾肥施用量，全生育亩施农家肥 1 500～2 000 千克作底肥，施尿素 40 千克/亩，普钙 30 千克/亩，硫酸钾 6～8 千克/亩，其中，尿素分两次施下，种肥占 60%，分蘖肥占 40%，普钙肥和钾肥一次性作种肥与尿素混合拌匀后撒施。④有条件的地方灌出苗水、分蘖水、拔节水、抽穗扬花水、灌浆水 3～5 次。⑤防治病虫草害及鼠害。⑥及时进行田间管理和收获。

适宜种植区域及季节：适宜在云南省海拔 1 400～2 100 米的水田、旱地种植，播种季节为冬播（10 月上旬至 11 月中旬）。

9. 保大麦 14 号

登记编号：GPD 大麦（青稞）（2017）530013

品种来源：Peaosanhos - 174/92645 - 8

选育单位：保山市农业科学研究所

特征特性：饲用。四棱，幼苗半直立，长芒，无花青素，叶片深绿，植株整齐，穗层整齐，穗直立。生育期156天左右；株高94～100厘米，穗长7.3厘米，穗实粒48～55粒，结实率85.2%～89.3%；千粒重35～38克。中抗白粉病、条纹病，高抗锈病。

栽培技术要点：①选择排灌方便的中上等田块，播种前晒种1～2天，10月下旬至11月上旬播种。②适量播种，田麦7～8千克/亩，地麦9～10千克/亩，不宜过密，防止倒伏。③合理施肥，氮肥适量，适当增加磷、钾肥施用量，全生育亩施农家肥1 500～2 000千克作底肥，施尿素40千克/亩，普钙30千克/亩，硫酸钾6～8千克/亩，其中，尿素分两次施下，种肥占60%，分蘖肥占40%，普钙肥和钾肥一次作种肥与尿素混合拌匀后撒施。④有条件的地方灌出苗水、分蘖水、拔节水、抽穗扬花水、灌浆水3～5次。⑤防治病虫草害及鼠害。⑥及时进行田间管理和收获。

适宜种植区域及季节：适宜云南省玉溪、保山、曲靖、昆明、楚雄地区海拔1 000～2 300米区域种植；适宜播种季节为10月上旬至11月下旬。

注意事项：该品种属大穗型品种，分蘖中等，注意亩播种量。

10. 保大麦15号

登记编号：GPD大麦（青稞）（2017）530014

品种来源：甘啤5号/保大麦8号

选育单位：保山市农业科学研究所

特征特性：饲用。四棱皮大麦，全生育期146天，幼苗半匍匐，分蘖力强，株型紧凑整齐，长粒、长芒。株高75厘米左右，抗倒伏，穗长5.7厘米左右，基本苗15万～18万苗/亩，有效穗28万穗/亩左右，成穗率68.5%，实粒数42粒左右，结实率88.8%，千粒重40克左右。中抗白粉病、高抗锈病。

栽培技术要点：①选择排灌方便的中上等田块，播种前晒种1～2天，10月下旬至11月上旬播种。②适量播种，田麦6～8千克/亩，地麦8～10千克/亩，不宜过密，防止倒伏。③合理施肥，氮肥适量，适当增加磷、钾肥施用量，全生育亩施农家肥1 500～2 000千克作底肥，施尿素40千克/亩，普钙30千克/亩，硫酸钾6～8千克/亩，其中，尿素分两次施下，种肥占60%，分蘖肥占40%，普钙肥和钾肥一次性作种肥与尿素混合拌匀后撒施。④有条件的地方灌出苗水、分蘖水、拔节水、抽穗扬花水、灌浆水3～5次。

⑤防治病虫草害及鼠害。⑥及时进行田间管理和收获。

适宜种植区域及季节：适宜云南省海拔 1 400～2 300 米的大麦生产区种植；适宜播种季节为冬播（10 月中旬至 11 月下旬）。

11. 保大麦 16 号

登记编号：GPD 大麦（青稞）（2017）530015

品种来源：YS500/94DM3

选育单位：保山市农业科学研究所

特征特性：饲用。四棱皮大麦，全生育期 147 天，幼苗半匍匐，分蘖力中等，株型紧凑整齐，长粒、长芒，穗大粒多，株高 90 厘米左右，抗倒伏，穗长 7 厘米左右，实粒数 45 粒左右，结实率 85.7%，千粒重 38 克左右。高抗白粉病、锈病。

栽培技术要点：①选择排灌方便的中上等田块，播种前晒种 1～2 天，10 月下旬至 11 月上旬播种。②适量播种，田麦 6～8 千克/亩，地麦 8～9 千克/亩，不宜过密，防止倒伏。③合理施肥，氮肥适量，适当增加磷、钾肥施用量，全生育亩施农家肥 1 500～2 000 千克作底肥，施尿素 40 千克/亩，普钙 30 千克/亩，硫酸钾 6～8 千克/亩，其中，尿素分两次施下，种肥占 60%，分蘖肥占 40%，普钙肥和钾肥一次性作种肥与尿素混合拌匀后撒施。④有条件的地方灌出苗水、分蘖水、拔节水、抽穗扬花水、灌浆水 3～5 次。⑤防治病虫草害及鼠害。⑥及时进行田间管理和收获。

适宜种植区域及季节：适宜云南省海拔 1 400～1 900 米的大麦生产区种植；适宜播种季节为 10 月中旬至 11 月中旬。

12. 保大麦 17 号

登记编号：GPD 大麦（青稞）（2018）530051

品种来源：V013/浙田 7 号//V012

选育单位：保山市农业科学研究所

特征特性：饲用。四棱大麦，春性，分蘖力强，穗层整齐，长芒、长粒，株高 85 厘米左右，抗倒伏性好，基本苗 15 万～18 万苗/亩，有效穗 35 万～40 万穗/亩，成穗率 60%～70%，穗长 5.5～6 厘米，穗粒数 35～42 粒，千粒重 35 克左右，生育期 155 天左右，抗旱、抗寒，高抗锈病、白粉病、条纹病。

栽培技术要点：①选择排灌方便的中上等田块，播种前晒种 1～2 天，10 月下旬至 11 月上旬播种。②适量播种，田麦 6～8 千克/亩、地麦 8～10 千克/亩、不宜过密，防止倒伏。③合理施肥，氮肥适量，适当增加磷、钾肥施用量，全生育亩施农家肥 1 500～2 000 千克作底肥，施尿素 40 千克/亩、普钙 30 千克/亩、硫酸钾 6～8 千克/亩，其中，尿素分两次施下，种肥占 60%，分蘖肥占 40%，普钙肥和钾肥一次性作种肥与尿素混合拌匀后撒施。④有条件的地方灌出苗水、分蘖水、拔节水、抽穗扬花水、灌浆水 3～5 次。⑤防治病虫草害及鼠害。⑥及时进行田间管理和收获。

适宜种植区域及季节：适宜在云南省海拔 1 400～2 100 米水田、旱地种植；适宜播种季节为冬播（10 月下旬至 11 月中旬）。

13. 保大麦 18 号

登记编号：GPD 大麦（青稞）（2017）530016

品种来源：亲本及组合 82－1－1

选育单位：保山市农业科学研究所

特征特性：饲用。四棱大麦，半冬性，幼苗半匍匐，叶色深绿，分蘖力强，株型紧凑，穗层整齐，长芒、长粒，株高 85 厘米左右，抗倒伏性好，基本苗 15 万～18 万苗/亩，有效穗 30 万～40 万穗/亩，成穗率 50%～60%，穗长 5.5～6.6 厘米，穗实粒数 45～52 粒，千粒重 36 克左右，生育期 150 天左右，抗旱、抗寒、抗倒伏，高抗锈病、白粉病、条纹病。

栽培技术要点：①选择排灌方便的中上等田块，播种前晒种 1～2 天，10 月下旬至 11 月上旬播种，每亩播种 8～10 千克。②合理施肥，每亩施农家肥 1 500～2 000 千克、尿素 20～25 千克、普钙 30～40 千克、硫酸钾 6～8 千克作底肥，在大麦分蘖期每亩追施尿素 20～25 千克。③有条件的地方灌出苗水、分蘖水、拔节水、抽穗扬花水、灌浆水 3～5 次。④防治病虫草害及鼠害。⑤及时进行田间管理和收获。

适宜种植区域及季节：适宜在云南省海拔 1 400～2 100 米水田、旱地种植；适宜播种季节为冬播（10 月下旬至 11 月上旬）。

14. 保大麦 19 号

登记编号：GPD 大麦（青稞）（2017）530017

品种来源：V013//V013/S060

选育单位：保山市农业科学研究所

特征特性：饲用。四棱大麦，半冬性，幼苗半匍匐，株型紧凑，长芒，无花青素，分蘖力强，穗层整齐，熟相好，株高 90 厘米左右；穗长 6.5 厘米左右，穗实粒数 50 粒左右，千粒重 35 克左右，生育期 153 天左右，抗旱、抗寒、抗倒伏，高抗锈病、白粉病、条纹病。

栽培技术要点：①选择排灌方便的中上等田块，播种前晒种1～2天，10月下旬至11月上旬播种，每亩播种8～10千克。②合理施肥，每亩施农家肥1 500～2 000千克、尿素20～25千克、普钙30～40千克、硫酸钾6～8千克作底肥，在大麦分蘖期每亩追施尿素20～25千克。③有条件的地方灌出苗水、分蘖水、拔节水、抽穗扬花水、灌浆水3～5次。④防治病虫草害及鼠害。⑤及时进行田间管理和收获。

适宜种植区域及季节：适宜在云南省海拔1 400～2 200米水田、旱地种植；适宜播种季节为冬播（10月上旬至11月中旬）。

15. 保大麦20号

登记编号：GPD大麦（青稞）（2018）530066

品种来源：保大麦12号×保大麦14号

选育单位：保山市农业科学研究所

特征特性：饲用。四棱皮大麦。春性、幼苗半直立、分蘖力强，叶色深绿，株型半紧凑，籽粒纺锤形，长芒，无花青素；穗直立，穗层整齐；高抗倒伏，抗旱、抗寒，高抗锈病，中抗白粉病、条纹病。生育期151天左右，属中熟品种，株高90厘米左右，穗长7.3厘米左右，穗实粒数45～50粒，属大穗型品种，千粒重37克左右。蛋白质9.57%，淀粉52.01%，赖氨酸0.31%。

栽培技术要点：①选择排灌方便的中上等田块，播种前晒种1～2天，10月下旬至11月上旬播种，每亩播种8～10千克。②合理施肥，每亩施农家肥1 500～2 000千克、尿素20～25千克、普钙30～40千克、硫酸钾6～8千克作底肥，在大麦分蘖期每亩追施尿素20～25千克。③有条件的地方灌出苗水、分蘖水、拔节水、抽穗扬花水、灌浆水3～5次。④防治病虫草害及鼠害。⑤及时进行田间管理和收获。

适宜种植区域及季节：适宜在云南省海拔1 400～2 100米水田、旱地冬播（10月下旬至11月上旬）。

注意事项：全生育期防治白粉病1～2次。

16. 保大麦21号

登记编号：GPD大麦（青稞）（2018）530067

品种来源：V013/V06//CA2-1-2

选育单位：保山市农业科学研究所

特征特性：饲用。春性、四棱皮大麦，幼苗直立，分蘖力强，叶色深绿，株型半紧凑，长芒、长粒，无花青素，穗半直立，穗层整齐，有效穗高，实粒数多，抗倒伏，抗寒性、抗旱性好，高抗锈病、条纹病，中抗白粉病；生育期148天，属早熟品种，株高90厘米；穗长6.2厘米，穗粒数55粒，实粒数45粒，结实率86%；千粒重35.1克。蛋白质9.32%，淀粉52.28%，赖氨酸0.30%。

栽培技术要点：①选择排灌方便的中上等田块，播种前晒种1～2天，10月下旬至11月上旬播种，每亩播种8～10千克。②合理施肥，每亩施农家肥1 500～2 000千克、尿素20～25千克、普钙30～40千克，硫酸钾6～8千克或复合肥（N∶P∶K＝13∶5∶7）40千克作底肥；在大麦分蘖期每亩追施尿素20千克。③有条件的地方灌出苗水、分蘖水、拔节水、抽穗扬花水、灌浆水3～5次。④防治病虫草害及鼠害。⑤及时进行田间管理和收获。

适宜种植区域及季节：适宜在云南省海拔1 400～2 100米水田、旱地冬播（10月下旬至11月上旬）。

注意事项：全生育期防治白粉病1～2次。

17. 保大麦24号

登记编号：GPD大麦（青稞）（2019）530018

品种来源：保大麦12号×保大麦8号

选育单位：保山市农业科学研究所

特征特性：饲用。春性、四棱皮大麦、幼苗半直立、分蘖力强，叶色深绿，株型紧凑，长芒、红芒，长粒；穗直立、柱形，穗层整齐；高抗倒伏，抗旱、抗寒，高抗锈病、中抗条纹病、中感白粉病。生育期154天左右，株高90厘米左右；穗长6.2厘米左右，穗实粒数50～55粒，属大穗型品种，千粒重38克左右。蛋白质9.2%，淀粉53.13%，赖氨酸0.29%。

栽培技术要点：①选择排灌方便的中上等田块，播种前晒种1～2天，10月下旬至11月上旬播种，每亩播种8千克左右；如果作为旱地早秋麦种植，可提早至9月中旬播种，每亩播种9～10千克。②合理施肥，每亩施农家肥1 500～2 000千克、尿素20千克、普钙40千克，硫酸钾6～8千克或复合肥（N∶P∶K＝13∶5∶7）40千克作底肥；在大麦分蘖期每亩追施尿素20千克。③有条件的地方灌出苗水、分蘖水、拔节水、抽穗扬花水、灌浆水3～5次。④防治病虫草害及鼠害。⑤及时进行田间管理和收获。

适宜种植区域及季节：适宜在云南省海拔1 400～2 300米水田、旱地10月下旬至11月上旬冬播种植。

注意事项：该品种分蘖极强，注意选择适宜播种量；同时中感白粉病，在分蘖盛期、孕穗期防治白粉病1～2次。

18. 保大麦25号

登记编号：GPD大麦（青稞）（2020）530039

品种来源：保大麦12号×青永206

选育单位：保山市农业科学研究所

特征特性：饲用。春性、四棱皮大麦、幼苗直立、分蘖力强，叶色深绿，株型紧凑，长芒、长粒，籽粒纺锤形；穗半直立、柱形，穗层整齐；高抗倒伏，抗旱、抗寒，高抗锈病、条纹病，抗白粉病。生育期159天左右，株高90厘米左右；穗长6.6厘米左右，穗实粒数48～55粒，千粒重40克左右。蛋白质10.2%，淀粉60.4%，赖氨酸0.35%。

栽培技术要点：①选择排灌方便的中上等田块，播种前晒种1～2天，10月下旬至11月上旬播种，每亩播种8千克左右；如果作为旱地早秋麦种植，可提早至9月中旬播种，每亩播种9～10千克。②合理施肥，每亩施农家肥1 500～2 000千克、尿素20千克、普钙40千克、硫酸钾6～8千克或复合肥（N∶P∶K=13∶5∶7）40千克作底肥；在大麦分蘖期每亩追施尿素20千克。③有条件的地方灌出苗水、分蘖水、拔节水、抽穗扬花水、灌浆水3～5次。④防治病虫草害及鼠害。⑤及时进行田间管理和收获。

适宜种植区域及季节：适宜云南省海拔1 400～2 300米冬大麦种植区域，水田、旱地于10月下旬至11月上旬种植。

注意事项：该品种分蘖较强，高肥力田块适当减少播量。

19. V43

登记编号：DD001-2003

品种来源：系大理州农科所从墨西哥引种鉴定材料中选育的六棱大麦品种

选育单位：大理白族自治州农业科学推广研究院

特征特性：饲用。幼苗直立，叶色绿，叶片较宽，分蘖力中等。六棱，长芒，粒色淡黄色，粒形纺锤形，株型紧凑，繁茂性好，叶片挺，功能期长，株高100厘米左右。大理州海拔2 000米地区，全生育期160天左右。穗实粒数35粒以上，千粒重42～48克。抗锈病、高抗白粉病，抗旱、耐寒性较好，根系较发达，茎秆弹性好，抗倒耐肥。高产稳产，适应性广，增产潜力大，粮草双丰。

适宜种植区域及季节：适宜云南省海拔1 400～2 400米麦区田、地种植。

栽培要点：①适期播种，规范种植。播期以11月上中旬为佳，提高整地播种质量，确保麦苗齐全匀壮。②合理密植：亩产450千克以上稳产丰产经济栽培，一般亩基本苗20万苗，有效穗34万穗以上，穗实粒数35～40粒，千粒重43克左右。③科学施肥：亩施优质有机肥1 500千克作底肥，种肥尿素15千克、普钙30千克，分蘖肥尿素10千克。④保证出苗、拔节、抽穗灌浆等水，做好防杂草、蚜虫和鼠害等工作。

20. 凤大麦12号

登记编号：GPD大麦（青稞）(2020) 530008

品种来源：S500×凤大麦6号

选育单位：大理白族自治州农业科学推广研究院

特征特性：饲用。二棱，春性，幼苗直立，叶绿色，叶片中等，长芒，粒色淡黄色，粒形卵圆形。株高61厘米，生育期146天；基本苗15.4万株/亩，最高分蘖51.6万苗/亩，有效穗42.2万穗/亩，成穗率81.9%；穗粒数23粒，实粒数20粒，结实率87.0%；穗长6.4厘米，千粒重48.1克。抗倒伏，中抗条纹病、赤霉病，高抗黄矮病、白粉病。

栽培技术要点：①适期整地播种：水田宜选择在11月上中旬，旱地种植选择土壤潮湿、墒情好的有利时机抢墒播种，一般为10月上中旬，播前晒种1～2天。稻茬大麦采用免耕法播种，烤烟、玉米田地掌握土壤墒情适时耕翻，提高整地播种质量，确保麦苗齐全匀壮。②合理密植：水田种植亩基本苗15万～18万株；水浇地种植亩基本苗18万～20万株；旱地种植亩基本苗20万～25万株，播量根据千粒重、发芽率等计算。③科学施肥：亩施腐熟农家肥2 000千克作底肥，烤烟、玉米田地上，作深耕混合施用，水稻田上，作深耕或盖种肥施用。种肥尿素15～20千克、普钙30～40千克，分蘖肥尿素10～15千克，稻茬免耕大麦田不追施分蘖肥，中后期可适量增施拔节孕穗肥尿素5～8千克。④田间管理技术：及时灌好出苗、拔节、孕穗抽穗和灌浆水；在大麦1.5～2.5叶期亩用麦草一次净或绿麦隆进行田间除草；及时防治蚜虫为害；掌握在蜡熟末期或完熟期采用人工收获或机械收获。

适宜种植区域及季节：适宜在云南省海拔1 200～2 400米的水田、水浇地或旱地冬大麦生态区种植，播种季节为10月上旬至11月中旬秋播种植。

注意事项：高产栽培注意防止倒伏。

21. 云饲麦406

品种来源：云大麦1号/06YD-6

选育单位：云南省农业科学院粮食作物研究所

特征特性：饲用常规品种。六棱皮大麦。半冬性。生育期151天。株型半紧凑，植株半矮秆，平均株高88厘米，穗芒长直光，平均穗长7.3厘米；叶绿色，无叶片蜡质，叶姿直立，叶耳白色，幼苗半匍匐；分蘖数中等，穗密度中等，单株穗数1.7个，每穗结实47粒，单株粒重3.0克，千粒重37.5克；籽粒较大，籽粒黄色、长圆形。蛋白质含量20.49毫克/克，淀粉含量52.22毫克/克，赖氨酸含量2.28微摩尔/克，β-葡聚糖1.33毫克/克。抗条纹病、抗条锈病、抗黄矮病、抗根腐病、抗赤霉病、中抗白粉病。第1生长周期亩产370.9千克，比对照V43增产0.49%；第2生长周期亩产367.5千克，比对照V43增产12.6%。

栽培技术要点：①适时播种：10月中下旬至11月下旬，播前晒种，有条件进行药剂拌种。②合理密植：适量播种，播种量8～10千克，旱地适当增加播种量。③灌水施肥：播前施足底肥，在分蘖期、孕穗期、开花期灌水并亩施尿素10千克。④适时收获：九黄十收，及时晾晒，确保颗粒归仓。

适宜种植区域及季节：适宜在西南生态区云南省海拔900～2 400米的秋播大麦种植地区种植。

22. 云饲麦407

品种来源：云大麦1号×07BD-11

选育单位：云南省农业科学院粮食作物研究所德宏州农业科学研究所

特征特性：饲用常规品种。六棱皮大麦。半冬性。生育期151天。株型紧凑，植株半矮秆，平均株高88厘米，穗芒长直光，平均穗长6.7厘米；叶绿色，叶片蜡质无，叶姿直立，叶耳白，幼苗直立；分蘖数弱，穗密度中等，单株穗数1.6个，每穗结实42粒，单株粒重2.0克，千粒重47.3克；籽粒较大，籽粒黄色，粒形长圆；蛋白质14.71毫克/克，淀粉37.77毫克/克，赖氨酸1.71微摩尔/克，β-葡聚糖0.78毫克/克。抗条纹病、抗条锈病、抗黄矮病、抗根腐病、抗赤霉病，感白粉病。第1生长周期亩产361.3千克，比对照V43增产10.8%；第2生长周期亩产457.4千克，比对照V43增产5.7%。

栽培技术要点：①适时播种：10月中下旬至11月下旬。播前晒种，有条件进行药剂拌种。②合理密植：适量播种，播种量8～10千克。③灌水施肥：播前施足底肥，在分蘖期、孕穗期、开花期灌水并亩施尿素10千克。④适时收获：九黄十收，及时晾晒，确保颗粒归仓。

适宜种植区域及季节：适宜在西南生态区云南省海拔 900～2 400 米的秋播大麦种植地区种植。

第二节　云南啤酒大麦主栽品种及栽培要点

1. 云大麦 2 号

登记编号：GPD 大麦（青稞）(2020) 530011

品种来源：ESCOBA/3/MOLA/SHYTI//ARUPO×2/JET/4/ALELI

选育单位：云南省农业科学院粮食作物研究所

特征特性：啤用。二棱大麦，弱春性，幼苗半匍匐，叶色深绿，株型紧凑，分蘖力强，有效穗高，中抗白粉病、锈病、条纹病，株高 75 厘米，极抗倒伏，穗长 6.5 厘米，全生育期 155 天左右，灌浆期、成熟期耐旱性稍差。耐肥性好，要求高肥力种植。该品种两侧小花退化明显，含极少量花青素。发芽率 99%，饱满粒 97.5%，蛋白质 10.2%，麦芽浸出率 78.9%，糖化力 160 毫克/100 克，α-氨基氮 154 毫克/100 克，库尔巴哈值 41.2%。抗条纹病、条锈病、黄矮病、根腐病、赤霉病，中抗白粉病。

栽培技术要点：①适时播种：10 月中下旬至 11 月上旬播种。②适量播种：播种量 7 千克/亩。③灌水施肥：播前施足底肥，在分蘖期、孕穗期、开花期灌水并亩施尿素 10 千克。④注意蚜虫的防治。

适宜种植区域及季节：适宜云南省海拔 1 400～2 300 米的大麦生产区种植；适宜播种季节为冬播（10 月中旬至 11 月下旬）。

2. 云大麦 4 号

登记编号：GPD 大麦（青稞）(2020) 530013

品种来源：TRIUMPH-BAR/TYRA//ARUPO×2/ABN-B/3/CANELA/4/MSEL

选育单位：云南省农业科学院粮食作物研究所

特征特性：啤用。幼苗直立，二棱，株高 82.1 厘米，生育期 156 天。穗粒数 21 粒。千粒重 44.6 克，发芽率 100%，饱满粒 99.5%，蛋白质 12.4%，麦芽浸出率 80.2%，糖化力 296 毫克/克，α-氨基氮 175 毫克/100 克，库尔巴哈值 45.0%。抗条纹病、条锈病、黄矮病、根腐病、赤霉病，高抗白粉病。

栽培技术要点：①适时播种：10 月中下旬至 11 月上旬播种。②适量播种：该品种分蘖力相对较弱，千粒重较高，因而播种量 10 千克/亩。③灌水施肥：播前施足底肥，在分蘖期、孕穗期、开花期灌水并亩施尿素 10 千克。④注意蚜虫的防治。

适宜种植区域及季节：适宜云南省海拔 1 400～2 000 米的大麦生产区种植；适宜播种季节为冬播（10 月中下旬至 11 月下旬）。

3. 云大麦 6 号

登记编号：GPD 大麦（青稞）（2020）530015

品种来源：ARUPO/K8755//MORA/3/ARUPO/K8755//MORA/4/ALELI

选育单位：云南省农业科学院粮食作物研究所

特征特性：啤用。幼苗半匍匐，二棱，株高 64 厘米，生育期 156 天，穗粒数 24 粒，千粒重 46.9 克。高抗锈病，中抗白粉病。发芽率 99%，饱满粒 98.9%，蛋白质 12.2%，麦芽浸出率 79.3%，糖化力 260 毫克/克，α-氨基氮 159 毫克/100 克，库尔巴哈值 40.4%。抗条纹病、条锈病、黄矮病、根腐病、赤霉病，中抗白粉病。

栽培技术要点：①适时播种：10 月中下旬至 11 月上旬播种。②适量播种：播种量 7 千克/亩。③灌水施肥：播前施足底肥，在分蘖期、孕穗期、开花期灌水并亩施尿素 10 千克。④注意蚜虫的防治。

适宜种植区域及季节：适宜云南省海拔 700～2 400 米的大麦生产区种植；适宜播种季节为冬播（10 月中下旬至 11 月下旬）。

4. 云大麦 7 号

登记编号：GPD 大麦（青稞）（2020）530016

品种来源：ABN-B/KC-B//RAISA/3/ALELI/4/SHYRI/ALELI/5/TOCTE//GOB/HUMAI10/3/ATAH92/ALELI

选育单位：云南省农业科学院粮食作物研究所

特征特性：啤用。幼苗半匍匐，二棱，株高 65 厘米，生育期 153 天；穗粒数 23 粒，千粒重 47.9 克，为参试品种中千粒重最高。发芽率 100%，饱满粒 98.6%，蛋白质 11.9%，麦芽浸出率 79.5%，糖化力 230 毫克/克，α-氨基氮 157 毫克/100 克，库尔巴哈值 41.2%。抗条纹病、条锈病、黄矮病、根腐病、赤霉病，中抗白粉病。

栽培技术要点：①适时播种：10 月中下旬至 11 月上旬播种。②适量播种：播种量 7 千克/亩。③灌水施肥：播前施足底肥，在分蘖期、孕穗期、开花期灌水并亩施尿素 10 千克。④注意蚜虫的防治。

适宜种植区域及季节：适宜云南省海拔900～2 000米的大麦生产区种植；适宜播种季节为冬播（10月中下旬至11月下旬）。

5. 云大麦8号

登记编号：GPD大麦（青稞）（2020）530017

品种来源：CONDOR-BAR/3/PATTY.B/RUDA//ALELI/4/ALELI/5/ARUPO/K8755//MORA

选育单位：云南省农业科学院粮食作物研究所

特征特性：啤用。幼苗半匍匐，二棱，株高66厘米，生育期152天；穗粒数23粒，千粒重45.9克。发芽率98%，饱满粒92.6%，蛋白质12.2%，麦芽浸出率77.9%，糖化力309毫克/克，α-氨基氮181毫克/100克，库尔巴哈值40.8%。抗条纹病、条锈病、矮病、根腐病、赤霉病，中抗白粉病。

栽培技术要点：①适时播种：10月中下旬至11月上旬播种。②适量播种：播种量7千克/亩。③灌水施肥：播前施足底肥，在分蘖期、孕穗期、开花期灌水并亩施尿素10千克。④注意蚜虫的防治。

适宜种植区域及季节：适宜云南省海拔900～2 400米的大麦生产区种植；适宜播种季节为冬播（10月中下旬至11月下旬）。

6. 云大麦9号

登记编号：GPD大麦（青稞）（2020）530018

品种来源：云大麦2号/07BL1-3

选育单位：云南省农业科学院粮食作物研究所

特征特性：啤用。二棱皮大麦，幼苗半匍匐，苗期长势强，叶大小中等，叶耳紫色，叶绿色平展。株高78.0厘米，适宜于机械化收获，茎秆蜡质多，茎秆偏细，穗芒呈黄色。成穗率中等；穗棒形，中穗型，籽粒黄色卵圆形，穗长6.6厘米，每穗总粒数24.3粒，实粒数22.6粒，结实率92.0%，千粒重47.6克。田间综合评价中上，抗倒，熟相好，抗旱性强和抗寒性弱。发芽率99%，饱满粒97.5%，蛋白质10.2%，麦芽浸出率78.9%，糖化力319毫克/克，α-氨基氮168毫克/100克，库尔巴哈值41.2%。抗条纹病、条锈病、黄矮病、根腐病、赤霉病，中抗白粉病。

栽培技术要点：①适时播种：10月中下旬至11月上旬播种。②适量播种：播种量7～8千克/亩。③灌水施肥：播前施足底肥，在分蘖期、孕穗期、开花期灌水并亩施尿素10千克。④注意蚜虫的防治。

适宜种植区域及季节：适宜云南省海拔900～2 000米的大麦生产区种植；

适宜播种季节为冬播（10 月中下旬至 11 月下旬）。

7. 云大麦 13 号

登记编号：GPD 大麦（青稞）（2020）530022

品种来源：云大麦 2 号/07BD－5（裸）

选育单位：云南省农业科学院粮食作物研究所

特征特性：啤用。二棱皮大麦，弱春性，幼苗半直立，无花青素；株高 56 厘米，在高肥水条件下较适中；生育期 150 天；穗粒数 25 粒，实粒数 23 粒，结实率 92.5%；穗长 7.2 厘米，千粒重 47.9 克；抗倒伏。发芽率 97%，饱满粒 99.7%，蛋白质 10.1%，麦芽浸出率 79.6%，糖化力 264 毫克/克，α-氨基氮 164 毫克/100 克，库尔巴哈值 39.6%。抗条纹病、条锈病、黄矮病、根腐病、赤霉病，中感白粉病。

栽培技术要点：①适时播种：10 月中下旬至 11 月上旬播种。②适量播种：播种量 7 千克/亩。③灌水施肥：播前施足底肥，在分蘖期、孕穗期、开花期灌水并亩施尿素 10 千克。④注意蚜虫的防治。

适宜种植区域及季节：适宜云南省海拔 900～2 400 米的大麦生产区种植；适宜播种季节为冬播（10 月中下旬至 11 月下旬）。

8. 云大麦 14 号

登记编号：GPD 大麦（青稞）（2020）530023

品种来源：07YD－4（裸）/云大麦 2 号

选育单位：云南省农业科学院粮食作物研究所

特征特性：啤用。二棱皮大麦，全生育期 158 天。幼苗半直，苗期长势强，叶宽大，叶耳白色，叶浅绿。株高适中 63.7 厘米，茎秆粗细适中，穗层中等整齐，穗芒呈黄色，株型紧凑。分蘖力强，成穗率中等；穗棒形，籽粒黄色椭圆形，穗长 7.2 厘米，每穗总粒数 25.6 粒，千粒重 45.9 克。啤用发芽率 97%，饱满粒 93.5%，蛋白质 9.7%，麦芽浸出率 80.0%，糖化力 275 毫克/克，α-氨基氮 150 毫克/100 克，库尔巴哈值 39.2%，抗条纹病、黄矮病、根腐病、赤霉病，中抗白粉病。

栽培技术要点：①适时播种：10 月中下旬至 11 月上旬播种。②适量播种：播种量 8 千克/亩。③灌水施肥：播前施足底肥，在分蘖期、孕穗期、开花期灌水并亩施尿素 10 千克。④注意蚜虫的防治。

适宜种植区域及季节：适宜云南省海拔 900～2 400 米的大麦生产区种植；适宜播种季节为冬播（10 月中下旬至 11 月下旬）。

9. 云大麦15号

登记编号：GPD大麦（青稞）（2020）530024

品种来源：07YD-4（裸）/云大麦2号

选育单位：云南省农业科学院粮食作物研究所

特征特性：啤用。二棱皮大麦，幼苗半直，苗期长势强，叶宽大，叶耳白色，叶浅绿色。全生育期157天，株高67.4厘米，穗芒呈黄色，株型紧凑。分蘖力中等，成穗率中等；穗棒形，中穗型，籽粒浅紫椭圆形，穗长6.9厘米，每穗总粒数24.8粒，千粒重44.5克。发芽率99%，饱满粒98.4%，蛋白质10.7%，麦芽浸出率80.6%，糖化力277毫克/克，α-氨基氮154毫克/100克，库尔巴哈值40.9%，抗条纹病、根腐病、赤霉病，中抗白粉病。

栽培技术要点：①适时播种：10月中下旬至11月上旬播种。②适量播种：播种量7千克/亩。③灌水施肥：播前施足底肥，在分蘖期、孕穗期、开花期灌水并亩施尿素10千克。④注意蚜虫的防治。

适宜种植区域及季节：适宜云南省海拔900～2 400米的大麦生产区种植；适宜播种季节为冬播（10月中下旬至11月下旬）。

10. 保大麦22号

登记编号：GPD大麦（青稞）（2018）530059

品种来源：S-4×YS500

选育单位：保山市农业科学研究所

特征特性：啤用。春性，二棱皮大麦，幼苗匍匐；分蘖力强，叶色深绿，株型紧凑，长芒、籽粒椭圆形，无花青素；穗直立，穗层整齐，高抗倒伏，抗旱、抗寒。生育期144天左右，属早熟品种，株高65～75厘米；穗长7.6厘米，穗实粒数22～24粒，千粒重45克左右。发芽率93%，饱满粒97.6%，蛋白质9.9%，麦芽浸出率78.6%，糖化力210毫克/克，α-氨基氮143毫克/100克，库尔巴哈值41%。抗条纹病、抗条锈病、高抗黄矮病、抗白粉病。

栽培技术要点：①选择排灌方便的中上等田块，播种前晒种1～2天，10月下旬至11月上旬播种，每亩播种10千克左右。②合理施肥，每亩施农家肥1 500～2 000千克、尿素20千克、普钙30～40千克、硫酸钾6～8千克或复合肥（N：P：K=13：5：7）40千克作底肥；在大麦分蘖期每亩追施尿素20～25千克作分蘖肥。③有条件的地方灌出苗水、分蘖水、拔节水、抽穗扬花水、灌浆水3～5次。④防治病虫草害及鼠害。⑤及时进行田间管理和收获。

适宜种植区域及季节：适宜在云南省海拔 1 400～2 100 米高肥力田块种植；适宜播种季节为冬播（10 月下旬至 11 月上旬）。

11. 保大麦 23 号

登记编号：GPD 大麦（青稞）（2018）530060

品种来源：Alerte×云大麦 2 号

选育单位：保山市农业科学研究所

特征特性：啤用。春性，二棱大麦，幼苗半直立；分蘖力强，叶色深绿，株型紧凑，长芒、籽粒椭圆形，花青素显色；穗半立，穗层整齐，高抗倒伏、抗旱、抗寒，高抗锈病、条纹病，中抗白粉病。生育期 150 天左右，株高 76 厘米左右；穗长 8.2 厘米，穗实粒数 25～27 粒，千粒重 40 克左右。发芽率 97%，饱满粒 94.3%，蛋白质 10.7%，麦芽浸出率 77.5%，糖化力 231 毫克/克，啤用 α-氨基氮 153 毫克/100 克，库尔巴哈值 40.7%。

栽培技术要点：①选择排灌方便的中上等田块，播种前晒种 1～2 天，10 月下旬至 11 月上旬播种，每亩播种 10 千克左右。②合理施肥，每亩施农家肥 1 500～2 000 千克、尿素 20 千克、普钙 30～40 千克，硫酸钾 6～8 千克或复合肥（N∶P∶K=13∶5∶7）40 千克作底肥；在大麦分蘖期每亩追施尿素 20～25 千克作分蘖肥。③有条件的地方灌出苗水、分蘖水、拔节水、抽穗扬花水、灌浆水 3～5 次。④防治病虫草害及鼠害。⑤及时进行田间管理和收获。

适宜种植区域及季节：适宜在云南省海拔 1 400～2 100 米高肥力田块种植；适宜播种季节为冬播（10 月下旬至 11 月上旬）。

注意事项：中抗白粉病，分蘖盛期和抽穗期注意白粉病防治。

12. 凤啤麦 1 号

登记编号：GPD 大麦（青稞）（2020）530045

品种来源：S500×澳选 2 号

选育单位：大理白族自治州农业科学推广研究院

特征特性：啤用。全生育期 162 天，株高 58.4 厘米，亩有效穗 64.9 万穗，成穗率 74.9%，穗长 6.4 厘米，实粒数 19.2 粒，结实率 93.9%，千粒重 45.6 克；二棱长芒，矮秆，株型紧凑，抗病性好，整齐一致，熟相好，穗层整齐，有花青素，抗倒、抗旱和抗寒性中等。发芽率 96%，饱满粒 99.1%，蛋白质 11.2%，麦芽浸出率 79.8%，糖化力 248 毫克/克，α-氨基氮148毫克/100克，库尔巴哈值40.5%。免疫条纹病，高抗黄矮病、白粉病，中抗赤霉病。

栽培技术要点：①适期播种：田大麦以11月上中旬播种为宜，旱地大麦选择土壤潮湿，墒情好的有利时机抢墒播种，一般为9月底至10月上旬，播前晒种1～2天，提高整地播种质量，确保麦苗齐全匀壮。②合理密植：水田播种量7～10千克，亩基本苗在12万～16万株；水浇地播种量10～12千克，亩基本苗在16万～20万株；旱地播种量12～15千克，亩基本苗在20万～25万株。③科学施肥：亩施腐熟农家肥2 000千克作底肥，种肥尿素15～20千克、普钙30～40千克；分蘖肥尿素10～15千克；稻茬免耕大麦田不追施分蘖肥，中后期可适量增施拔节、孕穗肥尿素5～8千克。前期长势较弱的非免耕种植的大麦田增施拔节、孕穗肥尿素5～8千克；旱地大麦中后期趁雨追施尿素10千克。④田间管理措施：及时灌好出苗、拔节、孕穗抽穗和灌浆水；做好田间除草和蚜虫防治工作；掌握在蜡熟末期或完熟期采用人工收获或机械收获，收后尽快脱粒、晾晒，妥善存放保管。

适宜种植区域及季节：适宜在云南省海拔1 200～2 400米的水田、旱地冬大麦生态区种植；播种期10月上旬至11月中旬。

注意事项：注意适当提前早播。

13. 凤啤麦2号

登记编号：GPD大麦（青稞）（2020）530046

品种来源：S500×S-4

选育单位：大理白族自治州农业科学推广研究院

特征特性：啤用。全生育期160天，株高64.3厘米，亩有效穗49.2万穗，成穗率72.4%，穗长6.9厘米，实粒数22.7粒，结实率92.9%，千粒重45.9克。二棱长芒，矮秆，株型紧凑，整齐一致，熟相好，穗层整齐，抗倒性和抗寒性中等，早熟。发芽率99%，饱满粒98.4%，蛋白质10.7%，麦芽浸出率77.4%，糖化力277毫克/克，α-氨基氮154毫克/100克，库尔巴哈值40.9%。高抗条纹病、条锈病、黄矮病、白粉病，中感赤霉病。

栽培技术要点：①适期播种：田大麦在11月上中旬播种为宜，播前晒种1～2天，提高整地播种质量，确保麦苗齐全匀壮。②合理密植：水田播种量8～10千克，亩基本苗在12万～16万株；水浇地播种量10～12千克，亩基本苗在16万～20万株。③科学施肥：亩施腐熟农家肥2 000千克作底肥，种肥尿素 15～20 千克、普钙 30～40 千克；分蘖肥尿素 10～15 千克；稻茬免耕大麦田不追施分蘖肥，中后期适量增施拔节、孕穗肥尿素 5～8 千克。④田间管理措施：及时灌好出苗、拔节、孕穗抽穗和灌浆水；做好田间除草和蚜虫、白粉病防治工作；在蜡熟末期或完熟期采用人工收获或机械收获，收后尽快脱粒，妥善存放。

适宜种植区域及季节：适宜在云南省海拔 1 200～2 400 米的水田、水浇地冬大麦生态区 11 月上中旬种植。

注意事项：矮秆早熟高产稳产，耐迟播；不宜在旱地种植。

14. 凤大麦 6 号

登记编号：GPD 大麦（青稞）（2020）530005

品种来源：法大麦 AT－1

选育单位：大理白族自治州农业科学推广研究院

特征特性：啤用。春性、幼苗直立，叶色淡绿，叶片窄而上挺，株型紧凑，植株整齐，株高 7 厘米。二棱、长芒、穗长方形，穗全抽出，粒色淡黄色，粒形卵圆形，千粒重 34.4～39.7 克，穗长 6.8 厘米，穗实粒数 23.0 粒，单株成穗 3.0 个以上。发芽率 98%，饱满粒 90%，蛋白质 11.0%，麦芽浸出率 82.1%，糖化力 347 毫克/克，α－氨基氮 141 毫克/100 克，库尔巴哈值 39%。中抗条纹病，高抗黄矮病、赤霉病、白粉病。

栽培技术要点：①适期播种，规范种植：选择肥力中上等田地种植，播种期田大麦以 11 月上中旬为佳，旱地大麦宜选择在 10 月上旬抢墒播种，播前晒种 1～2 天，提高整地播种质量，确保麦苗齐全均壮。②合理群体结构：水田亩基本苗 15 万～18 万株，有效穗 65 万穗以上，穗实粒数 22 粒以上，千粒重 38～42 克，播种 6～8 千克；旱地基本苗 20 万～25 万株，播种 8～10 千克。③科学经济施肥：亩施腐熟农家肥 2 000 千克作底肥，种肥尿素15 千克、普钙 20～30 千克，分蘖肥尿素 10 千克。④加强田间管理：及时灌好出苗、拔节、抽穗、灌浆等水，并做好除草、灭蚜、防鼠工作，成熟时做到九黄十收。

适宜种植区域及季节：适宜在云南省海拔 1 400～2 200 米的水田、旱地冬大麦生态区种植；播种季节为 10 月上旬至 11 月中旬秋播种植。

注意事项：高产超高产栽培注意防止倒伏。

15. 凤大麦 7 号

登记编号：GPD 大麦（青稞）（2020）530043

品种来源：S500×凤大麦6号

选育单位：大理白族自治州农业科学推广研究院

特征特性：啤用。中熟，全生育期144～178天，平均154±12天。二棱皮大麦，幼苗半匍匐，苗期长势中等，叶窄而短，叶耳紫色，叶绿色直立。株高71.7厘米，茎秆蜡质多，茎秆偏细，株型紧凑，穗层整齐，穗芒呈紫色。分蘖力强，成穗率高；穗棒形，疏穗型，籽粒黄色椭圆形，穗长6.7厘米，每穗总粒数24.6粒，实粒数20.9粒，结实率85.7%，千粒重46.1克，穗层整齐，抗倒性强，熟相好，抗旱性和抗寒性均中等。发芽率97%，饱满粒90.8%，蛋白质10.7%，麦芽浸出率79.6%，糖化力346毫克/克，α-氨基氮155毫克/100克，库尔巴哈值41.7%。高抗条纹病、白粉病，中抗黄矮病、赤霉病。

栽培技术要点：①适期播种：田大麦以10月25日至11月15日播种为宜，旱地大麦选择土壤潮湿，墒情好的有利时机抢墒播种，一般为9月25日至10月15日。②合理密植：水田播种量7～10千克，亩基本苗在12万～16万株；水浇地播种量10～12千克，亩基本苗在16万～20万株；旱地播种量12～15千克，亩基本苗在20万～25万株。③科学经济施肥：种肥尿素15～20千克、普钙30～40千克；分蘖肥尿素10～15千克；稻茬免耕田适量增施拔节、孕穗肥尿素5～8千克；旱地大麦中后期趁雨追施尿素10千克。④田间管理措施：灌好出苗、拔节、孕穗抽穗和灌浆水；及时进行田间除草和蚜虫防治；适期收获。

适宜种植区域及季节：适宜在云南省海拔1 400～2 400米水田、水浇地或旱地冬大麦生态区10月上旬至11月中旬种植。

注意事项：高肥水栽培注意防止倒伏。

16. 凤大麦9号

登记编号：GPD大麦（青稞）(2020) 530044

品种来源：S500×S-4

选育单位：大理白族自治州农业科学推广研究院

特征特性：啤用。中熟，全生育期145～195天。二棱皮大麦，幼苗半匍匐，苗期长势中等，叶窄而短，叶耳白色，叶绿色直立。株高60.4厘米，茎秆蜡质中等，茎秆偏细，穗层整齐，穗芒呈黄色。穗棒形，疏穗型，籽粒黄色椭圆形，穗长6.8厘米，每穗总粒数23.1粒，实粒数21.2粒，结实率94.6%，千粒重51.0克。田间综合评价中上，植株穗层整齐，抗倒，熟相好，抗旱性和抗寒性均强。发芽率99%，饱满粒98.9%，蛋白质12.2%，麦芽浸出率79.3%，糖化力260毫克/克，α-氨基氮159毫克/100克，库尔巴哈值40.4%。中抗条纹病、赤霉病，高抗黄矮病，中感白粉病。

栽培技术要点：①适期播种：田大麦在11月上中旬播种为宜，旱地大麦在9月25日至10月15日抢墒播种，播前晒种1～2天，提高整地播种质量，确保麦苗齐全匀壮。②合理密植：水田播种量8～10千克，亩基本苗在12万～16万株；水浇地播种量10～12千克，亩基本苗在16万～20万株；旱地播种量12～15千克，亩基本苗在20万～25万株。③科学施肥：亩施腐熟农家肥2 000千克作底肥，种肥尿素15～20千克、普钙30～40千克；分蘖肥尿素10～15千克；稻茬免耕大麦田不追施分蘖肥，中后期适量增施拔节、孕穗肥尿素5～8千克。旱地大麦中后期趁雨追施尿素10千克。④田间管理措施：及时灌好出苗、拔节、孕穗抽穗和灌浆水；做好田间除草和蚜虫、白粉病防治工作；在蜡熟末期或完熟期采用人工收获或机械收获，收后尽快脱粒，妥善存放保管。

适宜种植区域及季节：适宜在云南省海拔1 200～2 400米的水田、水浇地或旱地冬大麦生态区10月上旬至11中旬种植。

注意事项：做到适期早播和防治白粉病。

17. 凤大麦10号

登记编号：GPD大麦（青稞）（2020）530006

品种来源：S500×凤大麦6号

选育单位：大理白族自治州农业科学推广研究院

特征特性：啤用。全生育期161天，株高72.5厘米，亩有效穗56.3万穗，成穗率77.4%，穗长6.7厘米，实粒数20.6粒，结实率94.5%，千粒重48.1克。二棱长芒，中高秆，株型紧凑，穗层整齐，成穗率高，抗病性好，整齐一致，熟相好，早熟，籽粒黄色椭圆形，穗层整齐，抗倒性和抗寒性中等、抗旱性强。发芽率99.0%，饱满粒98.7%，蛋白质10.4%，麦芽浸出率79.1%，糖化力255毫克/克。高抗条纹病、白粉病，中抗黄矮病、中抗赤霉病。

栽培技术要点：①适期播种：田大麦以11月上中旬播种为宜，旱地大麦选择土壤潮湿，墒情好的有利时机抢墒播种，一般为9月底至10月上旬。②合理密植：水田播种量8～10千克，亩基本苗在12万～16万株；水浇地播种量10～12千克，亩基本苗在16万～20万株；旱地播种量12～15千克，亩基本苗在20万～25万株。③科学经济施肥：亩施腐熟农家肥2 000千克作底肥，种肥尿素15～20千克、普钙30～40千克；分蘖肥尿素10～15千克；稻茬免耕大麦田不追施分蘖肥，中后期可适量增施拔节、孕穗肥尿素5～8千克；旱地大麦中后期趁雨追施尿素10千克。④田间管理措施：及时灌好出苗、拔节、孕穗抽穗和灌浆水；做好田间除草和蚜虫防治工作；掌握在蜡熟末期或完熟期采用人工收获或机械收获，收后尽快脱粒、晾晒，妥善保管。

适宜种植区域及季节：适宜在云南省海拔1 200～2 400米水田、水浇地或旱地冬大麦区生态区种植，播种季节为10月上旬至11月中旬秋播种植。

注意事项：高肥水栽培注意防止倒伏。

18. 凤大麦11号

登记编号：GPD大麦（青稞）（2020）530007

品种来源：S500×S-4

选育单位：大理白族自治州农业科学推广研究院

特征特性：啤用。中熟，全生育期146～195天。二棱皮大麦，幼苗半匍匐，苗期长势强，叶宽中等，叶耳白色，叶绿色直立。株高60.2厘米，茎秆蜡质中等，茎秆偏细，穗层整齐，穗芒呈黄色。穗棒形，疏穗型，籽粒黄色椭圆形，穗长7.2厘米，每穗总粒数21.9粒，实粒数21.1粒，结实率94.7%，千粒重48.7克。抗倒，熟相好，抗旱性和抗寒性均较强。发芽率98%，饱满粒92.6%，蛋白质12.2%，麦芽浸出率77.9%，糖化力309毫克/克，α-氨基氮181毫克/100克，库尔巴哈值40.8%。中抗条纹病、赤霉病、白粉病，高抗黄矮病。

栽培技术要点：①适期播种：田大麦在11月上中旬播种为宜，旱地大麦在9月25日至10月15日抢墒播种。②合理密植：水田播种量8～10千克，亩基本苗在12万～16万株；水浇地播种量10～12千克，亩基本苗在16万～20万株；旱地播种量12～15千克，亩基本苗在20万～25万株。③科学施肥：亩施腐熟农家肥2 000千克作底肥，种肥尿素15～20千克、普钙30～40千克；分蘖肥尿素10～15千克。旱地大麦中后期趁雨追施尿素10千克。④田间管理措施：及时灌好出苗、拔节、孕穗抽穗和灌浆水；做好田间除草和蚜虫、白粉病防治工作；适期收获晾晒，妥善存放保管。

适宜种植区域及季节：适宜在云南省海拔1 200～2 400米的水田、旱地冬大麦生态区种植；播种季节为10月上旬至11月中旬秋播种植。

注意事项：高产栽培注意防治白粉病。

第三节　云南青稞主栽品种及栽培要点

1. 云大麦12号

登记编号：GPD大麦（青稞）（2020）530021

品种来源：07YD-4（裸）/云大麦2号

选育单位：云南省农业科学院粮食作物研究所

特征特性：粮用，二棱裸大麦，弱春性，幼苗半匍匐，株型紧凑，叶片深绿，茎秆粗壮，植株整齐，穗层整齐。成熟时穗低垂，熟相好，籽粒细长；该品种株高70厘米，适宜高肥水田块种植，抗倒性强，生育期155天，穗粒数26粒，千粒重45.8克；中抗白粉病、锈病，抗倒伏。蛋白质14.3%，淀粉46.2%，赖氨酸0.37%，β-葡聚糖6.57%。抗条纹病、条锈病、黄矮病、根腐病、赤霉病，中抗白粉病。

栽培技术要点：①适时播种：10月中下旬至11月上旬播种。②适量播种：播种量7千克/亩。③灌水施肥：播前施足底肥，在分蘖期、孕穗期、开花期灌水并亩施尿素10千克。④注意蚜虫的防治。

适宜种植区域及季节：适宜云南省海拔1 500～3 100米的大麦生产区种植；适宜播种季节为冬播（10月中下旬至11月下旬）。

注意事项：该品种适宜肥水较好的田块种植，若种植于旱地植株可能会变得很矮。

2. 云青606

登记编号：GPD大麦（青稞）（2021）530023

品种来源：云大麦1号×07BL2-24

选育单位：云南省农业科学院粮食作物研究所

特征特性：粮用。粮用常规品种，棱型六棱裸大麦。半冬性。生育期189.33天。在云南省秋播，株型半紧凑，植株半矮秆，平均株高100.4厘米，穗芒长直光，平均穗长5.43厘米；叶色绿，叶片蜡质无，叶姿平展，叶耳白，幼苗半匍匐；分蘖数中等，穗密度中等，单株穗数1.4个，每穗结实42.57粒，单株粒重2克，千粒重33.63克；籽粒较大，籽粒黄色，粒形卵圆；粮用，蛋白质含量13.68%，淀粉含量70.63%，赖氨酸含量0.24%，β-葡聚糖含量6.31%。中抗条纹病、抗条锈病、抗黄矮病、抗根腐病、抗赤霉病、中感白粉病。籽粒，第1生长周期亩产438.67千克，比对照平均产量增产21.68%；第2生长周期亩产347.35千克，比对照玖格增产13.76%。

栽培技术要点：①适时播种：10月中下旬至11月下旬。播前晒种，有条件的进行药剂拌种。②精细整地：做到翻犁耙细整平，增施农家肥，施种肥复合肥20千克，过磷酸钙20千克。③合理密植：适量播种，播种量10～14千克，每亩保证基本苗15万～20万株。④播种方式：最好采用条播，以便充分利用光能、地力和空气，为高产创造条件。⑤合理灌水：灌出苗水不能长时间淹水，以免形成烂种。并在分蘖期、孕穗期等灌水。⑥增施追肥：二叶一心时追施尿素10千克，拔节期根据苗情追施尿素10千克。⑦适时收获：九黄十收，及时晾晒，确保颗粒归仓。

适宜种植区域及季节：适宜在西南生态区云南省海拔1 400～2 700米的冬青稞种植地区秋播种植。

注意事项：后期下部叶片白粉病比较严重，注意防治白粉病。

3. 长黑青稞

品种来源：长黑青稞又名中甸黑青稞，藏名“耐那”，为香格里拉市高原藏族地区农家品种。

特征特性：幼苗半匍匐，叶绿色。旗叶叶耳紫色，叶片长、宽及叶片与茎秆夹角中等，叶鞘紫色。株高90～110厘米，株型半松散。茎秆黄色或淡紫色，粗细中等，弹性差，蜡粉中等。穗全抽出，开颖授粉。穗颈半弯，穗本身长相直立。穗长方形，黑色，穗长7～8厘米，大小均匀，小穗着生密度疏，长芒，有锯齿，紫色。外颖脉紫色，窄护颖。每穗结实45～55粒，千粒重35～40克。籽粒紫色，纺锤形，均匀，饱满，为半硬质。粗蛋白含量为13.34%，赖氨酸含量为0.50%，淀粉含量为61.37%。春性，属晚熟类型品种，3月下旬或4月上旬播种，9月中旬或下旬成熟，生育期150～160天。分蘖力较强，成穗率中等，较抗寒，不耐湿涝，苗期生长缓慢，抽穗后灌浆迅速，熟相好，籽粒不易在穗上发芽，抗条锈病，轻感白粉病、网斑病，中感黑穗病、条纹病。

栽培技术要点：适期早播，一般要在土壤解冻后抢墒播种，因栽培方式和土壤肥力不同，播种量控制在11～13千克/亩，提倡人工条播或机械播种，保证基本苗在15万株/亩，成穗数在17万～18万穗/亩。要求每公顷最低施肥量为农家肥2 250千克、普钙150千克、尿素150～225千克。严格包衣、药剂包衣和农药拌种，并在中后期及时防治条纹病、网斑病和虫害。

适宜种植区域及季节：适宜在海拔2 800～3 300米的春青稞种植区域。

4. 短白青稞

品种来源：短白青稞，藏名“麻鲁”，为香格里拉市高原藏族地区农家品种。为六棱裸大麦。

特征特性：幼苗半匍匐，分蘖力强。叶绿色，旗叶叶耳白色，叶片长而宽，叶片与茎秆夹角小，株高 80～100 厘米，株型紧凑，穗茎黄色，粗细中等，弹性中等，蜡粉多。穗全抽出，开颖授粉，穗颈与穗着生密度高。长芒，有锯齿，黄色。外颖脉黄色，窄护颖。每穗结实 50 粒左右。千粒重 34～38 克。籽粒褐色，纺锤形，均匀度与饱满度中等，为半硬质。粗蛋白含量为 12.77%，赖氨酸含量为 0.48%，淀粉含量为 61.94%。春性较强，该品种生育期 150 天左右，为中熟类型品种。分蘖力强，成穗率中等，对播种期及土壤选择不严格。熟相好，籽粒不易在穗上发芽。茎秆柔弱，抗倒性较差，成熟时遇大风易折秆。抗条锈病，轻感条纹病、网斑病，中感黑穗病、白粉病。

栽培技术要点：适期早播，因栽培方式不同，每亩播量 10～14 千克，提倡人工条播或机械播种，保证基本苗在 15 万～17 万株/亩，有效穗数 18 万～20 万穗/亩。要求每亩施农家肥 150 千克、普钙 10 千克、尿素 100 千克。严格包衣、药剂包衣和农药拌种，并在中后期及时防治条纹病、网斑病和虫害。

适宜种植区域及季节：适宜在海拔 2 800～3 300 米的春青稞种植区域。

5. 云青 2 号

品种来源，原名紫青稞，系迪庆州种子管理站从本地黄六棱青稞中系统选育而成。

特征特性：该品种为中早熟，幼苗半匍匐，分蘖力强中等，叶深绿色，叶片长而宽，叶片与茎秆夹角较小；株高 90～120 厘米。株型较紧凑，弹性强有蜡粉，抗倒伏性好，抗黄矮病、锈病和白粉病；穗全抽出，穗圆柱形，六棱，穗颜色为紫色，穗长 5.4 厘米，穗粒数 53.2 粒；籽粒颜色为紫黑色，籽粒呈纺锤形，均匀度和饱满度较好，容重 830～880 克，千粒重 39～43 克。

栽培技术要点：该品种为冬作品种，在 10 月底至 11 月上旬播种，播种量为 8～10 千克/亩，基本苗控制在 10 万株/亩左右；单产 450 千克/亩。产量技术指标：基本苗 10 万～12 万株/亩，有效穗 24 万～32 万穗/亩，穗粒数 50 粒，穗粒重 2.1 克，千粒重 40 克，农家肥 2 000 千克/亩、尿素 10 千克/亩及普钙 15 千克/亩作种肥，拔节期和抽穗期追施拔节肥和穗肥。

适宜种植区域及季节：适宜在海拔 1 400～2 500 米的冬青稞种植区域。

6. 云青1号

品种来源：该品种为云南省农科院从外引品种K26中通过系统选育而成，原编号为04-171。

特征特性：该品种幼苗半匍匐，分蘖力强，成株田间生长整齐，株高80～90厘米，生育期159天，为四棱型品种，穗密度13.5，长芒，穗长7.0厘米，穗粒数55粒，千粒重41.3克，容重790～820克，籽粒颜色淡黄，籽粒饱满，生育期较短，植株较矮，抗倒伏能力较强，粒色好，是一个优良的加工型冬青稞品种。

栽培要点：在10月底至11月上旬播种，播种量在8～10千克/亩，基本苗控制在10万株/亩左右，有效穗24万～31万穗/亩，农家肥2 000千克/亩、尿素10～20千克/亩及普钙20千克/亩作种肥，拔节期和抽穗期追施拔节肥和穗肥。

适宜区域：适宜在海拔1 400～2 500米的冬青稞种植区域。

7. 玖格

品种来源：该品种为德钦县澜沧江沿江藏族地区农家品种，为六棱型青稞。

特征特性：幼苗半匍匐，成株长势整齐，叶深绿色，叶片长18～22厘米，株高90～110厘米，株型紧凑，弹性中等，有蜡粉；穗全抽出，穗圆柱形，紫色，穗长5.2厘米，穗粒数52粒；籽粒紫黑色，纺锤形，均匀度和饱满度较好，容量830～880克，千粒重40克；生育期在180天左右。

栽培技术要点：在10月底至11月上旬播种，播种量在120～150千克/公顷，基本苗控制在145万株/公顷左右，有效穗370万～420万穗/公顷，农家肥30 000千克/公顷、尿素150～300千克/公顷及普钙300千克/公顷作种肥，拔节期和抽穗期追施拔节肥和穗肥。

适宜种植区域及季节：适宜在海拔1 400～2 500米的冬青稞种植区域。

主要参考文献

柳红，2004. 啤大麦“S500”［J］. 云南农业（07）：11.

郭普，2006. 植保大典［M］. 北京：中国三峡出版社.

侯明生，2008. 新农村书屋农业常备技术手册系列　农作物病害防治手册［M］. 武汉：湖北科学技术出版社.

高青山，蒋涛，梁成云，等，2008. 补饲热处理大麦对牛肉品质的影响［J］. 安徽农业科学（23）：9990－9991，10015.

杨金华，于亚雄，刘丽，等，2008. CIMMYT 不同棱型大麦产量构成因素及其对产量的影响［J］. 西南农业学报（04）：920－924.

杨金华，程加省，许云祥，等，2009. 云南省新选育大麦品种（系）的旱地适应性初步评价［J］. 农业科技通讯（09）：90－91.

黄香，2009. 弥渡县啤大麦生产存在问题及对策［J］. 云南农业（07）：22－23.

郑家文，刘猛道，字尚永，2009. 保山市农科所啤饲大麦育种科研工作成效显著［J］. 大麦与谷类科学（02）：9－10.

郑家文，刘猛道，黄耀成，2008. 云南省啤饲大麦生产的历史回顾与前景展望［J］. 大麦与谷类科学（01）：55－57.

佚名，2010. 云南省昆明市着力打造全国育种夏繁基地［J］. 北京农业（14）：11.

曾亚文，普晓英，杜娟，等，2010. 云南专用大麦产业发展研究进展［J］. 大麦与谷类科学（1）：8－13.

曾亚文，张京，普晓英，等，2011. 云南大麦产业发展综合研究与利用［J］. 浙江农业学报，23（03）：455－464.

潘超，霍荣兴，2011. 弥渡县 10 年大麦和小麦生产规模变化及原因探析［J］. 农业科技通讯（06）：123－124.

鲁永新，邹萍，张中平，等，2012. 云南省大麦种植气候类型区划研究［J］. 湖南农业科学（21）：82－85.

张国平，邬飞波，2012. 大麦生产、改良与利用［M］. 杭州：浙江大学出版社.

李国强，李江，张睿，等，2013. 大理州大麦育成品种及配套栽培技术［J］. 云南农业科技（03）：50－53.

孔祥国，2013. 中国啤酒大麦产业发展研究［D］. 北京：中国农业科学院.

曾亚文，普晓英，张京，等，2013. 中国西南大麦产业发展综合研究利用 [J]. 中国农业科技导报，15 (03)：48-56.

尤红，周泓，杨红，等，2013. 云南倒春寒天气过程的分析研究 [J]. 气象，39 (06)：738-748.

朱睦元，张京，2014. 大麦（青稞）营养分析及其食品加工 [M]. 杭州：浙江大学出版社.

陈安茹，2014. 世界大麦生产现状与发展前景 [J]. 四川农业科技 (05)：50-51.

朱明泉，潘欣葆，2016. 粮油作物主要病虫害防治技术 [M]. 武汉：武汉大学出版社.

高新，吴金亮，李银江，等，2016. 云南大麦饲用模式分析与评价 [J]. 饲料与畜牧 (03)：54-58.

刘猛道，赵加涛，杨志明，等，2017. 保山市育成大麦品种主要农艺性状演变规律研究 [J]. 农业科技通讯 (03)：153-155.

赵加涛，刘猛道，郭勉艳，等，2017. 云南省高产优质大麦新品种选育及示范推广 [J]. 云南农业科技 (02)：59-61.

刘帆，李国强，杨俊青，等，2018. 饲料大麦对云南畜牧业发展的意义及思考 [C] //第八届云南省科协学术年会论文集——专题四：畜牧与养殖业. 59-63.

刘帆，李国强，杨俊青，等，2018. 对大理州大麦 3 种利用模式的初步剖析 [J]. 大麦与谷类科学，35 (04)：58.

赵加涛，2018. 早秋大麦主要农艺性状与产量的多重分析 [J]. 安徽农业科学，46 (07)：41-42，77.

刘家篆，刘猛道，赵加涛，2019. 保山大麦生产现状及发展对策 [J]. 农业科技通讯 (02)：18-20.

刘帆，杨俊青，蔡秋华，等，2019. 大理州大麦育种工作进展及思考 [J]. 大麦与谷类科学，36 (05)：6-9.

程加省，于亚雄，2019. 云南早秋麦栽培技术 [M]. 北京：中国农业出版社.

刘帆，杨俊青，蔡秋华，等，2020. 大理州大麦生产现状与发展对策 [J]. 大麦与谷类科学，37 (05)：52-56.

王志龙，于亚雄，程耿，等，2020. 高产青稞新品种云大麦 12 号（裸）选育及应用 [J]. 种子，39 (09)：129-131.

王志龙，于亚雄，乔祥梅，等，2021. 密度和氮肥对‘云大麦 12 号’产量、农艺性状及光合特性的影响 [J]. 分子植物育种，19 (20)：6884-6890.

李明菊，2021. 云南麦类作物病虫草害田间诊断与防治 [M]. 昆明：云南科技出版社.

附图 1　大麦主要病害照片

大麦白粉病

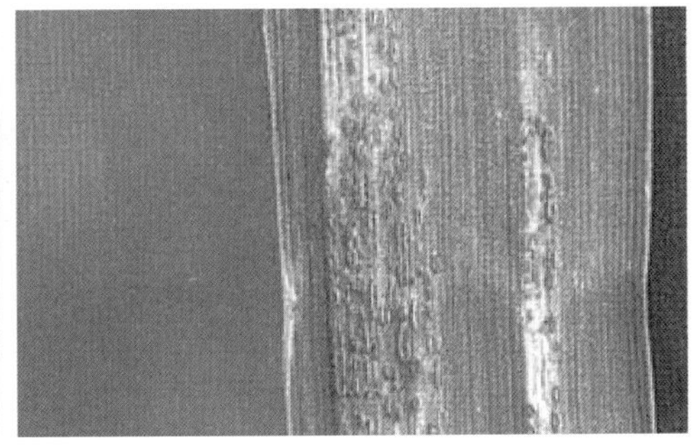

大麦条锈病

大麦叶锈病

大麦纹枯病

大麦散黑穗病

大麦坚黑穗病

大麦条纹病

大麦网斑病

附图 2　大麦主要虫害图片

蚜虫为害

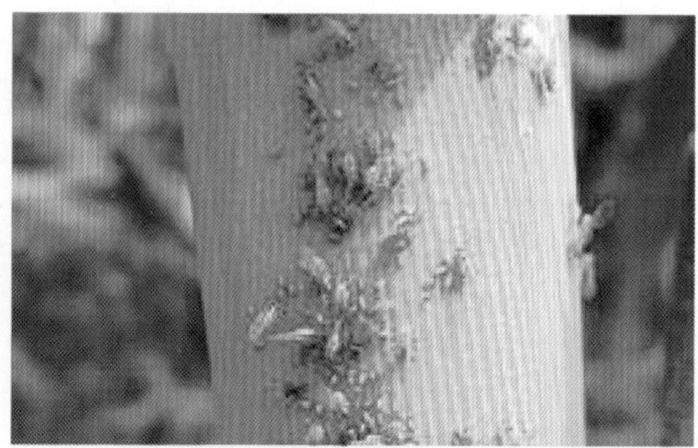

麦长管蚜

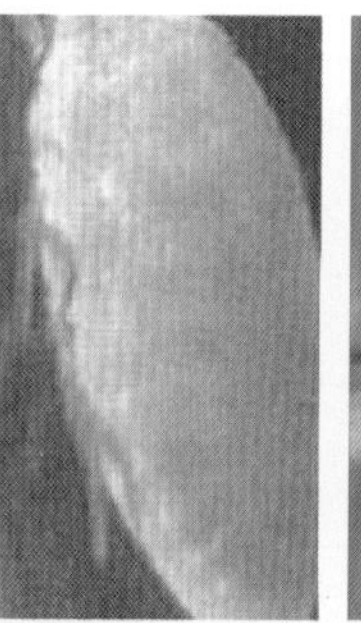

黍缢管蚜

吸浆虫

金针虫幼虫

金针虫成虫

蛴螬－大黑鳃金龟子

大黑鳃金龟子

蛴螬－黄褐丽金龟子

黄褐丽金龟子

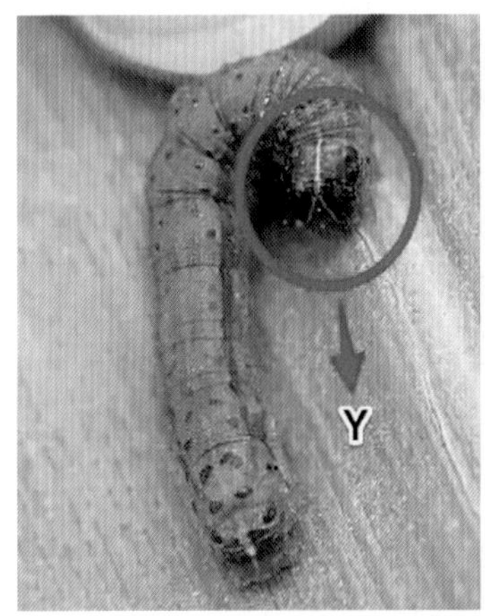

草地贪夜蛾幼虫

草地贪夜蛾成虫

左：雄性　右：雌性

雄性个体

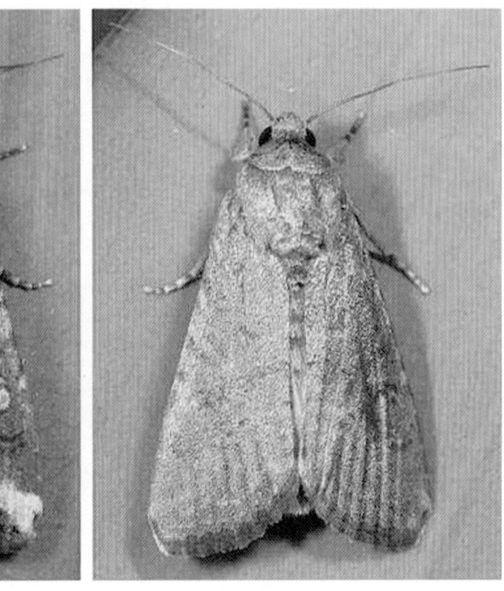

雌性个体

附图 3　大麦主要草害照片

野燕麦

看麦娘

菵　草

硬　草

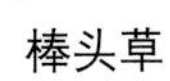

棒头草

早熟禾

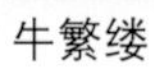

牛繁缕

荠　菜

猪殃殃

酸模叶蓼

波斯婆婆纳

附图4　大麦部分主栽品种示范推广照片

啤酒大麦云大麦2号在大理州鹤庆县长势

饲料大麦云大麦10号在普洱市景谷县长势

青稞品种云大麦12号在丽江市玉龙县长势

饲料大麦保大麦8号在保山市隆阳区核桃林下套种大麦长势

饲料大麦保大麦 14 号在保山市龙陵县长势

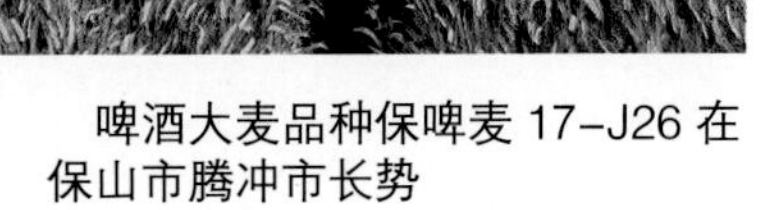

啤酒大麦品种保啤麦 17-J26 在保山市腾冲市长势

饲料大麦品种 V43 在大理州长势

风大麦 7 号在大理洱源示范长势